高职高专
电子信息类
专业教材

5G
移动通信
技术与应用

姚美菱　张 星　李英杰　耿朋进　编著

U0231274

化学工业出版社
·北京·

内 容 简 介

本书共 6 章，全面地介绍了 5G 移动通信技术及应用。第 1 章从移动通信的发展入手，介绍 5G 发展驱动力、应用场景、使用的频谱以及标准演进；第 2 章重点介绍 5G 网络架构，从移动通信网络构成说起，总体介绍从 2G 到 5G 网络架构演进，然后分析无线接入网的演进，引出 5G 基站形态，再分析 5G 核心网的架构，以及 5G 如何从 4G 的 EPC 演进而来，最后介绍 5G 核心网的关键技术；第 3 章介绍 5G 无线空口，详细解析其空口的帧结构、信道配置、手机开机信道使用流程及空口速率计算方法；第 4 章首先根据 5G 关键技术的作用对其进行分类，然后逐一介绍其原理；第 5 章介绍 5G 的部署，先是 NSA 和 SA 架构对比，再是承载网的部署方式，最后介绍三大运营商网络的演进策略；第 6 章介绍 5G 在智慧城市、智慧教育、智慧物流、智慧能源、云游戏中的应用。

本书是一本校企合作的双元教材，内容全面、深入浅出、语言精练；可作为高等院校通信工程专业、电子信息工程专业及其相关专业的专业课教材，也可以作为 5G 从业者的学习参考书。

图书在版编目（CIP）数据

5G 移动通信技术与应用/姚美菱等编著. —北京：
化学工业出版社，2022.3（2024.9重印）
高职高专电子信息类专业教材
ISBN 978-7-122-40571-5

I.①5… II.①姚… III.①第五代移动通信系统-
高等职业教育-教材 IV.①TN929.53

中国版本图书馆 CIP 数据核字（2022）第 011615 号

责任编辑：廉 静 王昕讲　　　　　　　　装帧设计：王晓宇
责任校对：杜杏然

出版发行：化学工业出版社（北京市东城区青年湖南街 13 号　邮政编码 100011）
印　　装：北京盛通数码印刷有限公司
787mm×1092mm　1/16　印张 10　字数 231 千字　　　2024 年 9 月北京第 1 版第 2 次印刷

购书咨询：010-64518888　　　　　　　　售后服务：010-64518899
网　　址：http://www.cip.com.cn
凡购买本书，如有缺损质量问题，本社销售中心负责调换。

定　　价：48.00 元

前言

移动通信延续着每十年一代技术的发展规律，已历经 1G、2G、3G、4G 的发展。每一次代际跃迁，每一次技术进步，都极大地促进了产业升级和经济社会发展。从 1G 到 2G，实现了模拟通信到数字通信的过渡，移动通信走进了千家万户；从 2G 到 3G、4G，实现了语音业务到数据业务的转变，传输速率成百倍提升，促进了移动互联网应用的普及和繁荣。当前，移动网络已融入社会生活的方方面面，深刻改变了人们的沟通、交流乃至整个生活方式。4G 网络造就了繁荣的互联网经济，解决了人与人随时随地通信的问题，随着移动互联网快速发展，新服务、新业务不断涌现，移动数据业务流量爆炸式增长，4G 移动通信系统难以满足未来移动数据流量暴涨的需求，5G 应运而生。

5G 作为一种新型移动通信网络，不仅要解决人与人通信，为用户提供增强现实、虚拟现实、超高清视频等更加身临其境的极致业务体验，更致力于解决人与物、物与物通信问题，其标准定义了三大场景：eMBB（Enhanced Mobile Broadband，增强型移动宽带）、mMTC（Massive Machine Type Communications，大规模机器通信）、uRLLC（Ultra-Reliable and Low Latency Communications，超可靠和低延迟通信），只有 eMBB 延续 4G 的高速率、大带宽的移动宽带业务，致力于提升以"人"为中心的工作、生活、娱乐、社交等个人业务的通信体验，另外两大场景 uRLLC、mMTC 均面向物联网，5G 将开启万物互联时代，渗透到经济社会的各行业各领域，成为支撑经济社会数字化、网络化、智能化转型的关键新型基础设施。

2019 年 6 月 6 日，工信部正式向中国电信、中国移动、中国联通、中国广电发放 5G 商用牌照，中国正式进入 5G 商用元年。2020 年底，我国已累计建成 5G 基站 71.8 万个，初步建成了全球最大规模的 5G 移动网络。"十四五"期间，我国将深入推进 5G 赋能千行百业，建成系统完备的 5G 网络，5G 垂直应用的场景将进一步拓展。

对比 4G，峰值速率从 1Gbit/s 提升到 20Gbit/s，用户可以体验到的带宽从 10Mbit/s 提升到 100Mbit/s，频谱利用效率提升 3 倍，可以支持 500km/h 的移动通信，网络延迟从 10ms 提升到 1ms，连接设备数每平方公里从 10 万个提升到 100 万个，通信设备能量利用率提升了 100 倍，每秒每平方米数据吞吐量提升了 100 倍。功能、性能如此大幅的提升，得益于 5G 中新的网络架构、新的空中接口、新的核心网，以及各种新型关键技术的融合使用。本教材的编写，一方面着重介绍了 5G 独有的新架构、新技术、新特性，另一方面介绍了 5G 的应用。

本教材共分 6 章。第 1 章从移动通信的发展入手，介绍 5G 发展驱动力、应用场景、使用的频谱以及标准演进；第 2 章重点介绍 5G 网络架构，从移动通信网络构成说起，总体介绍从 2G 到 5G 网络架构演进，然后分析无线接入网的演进，引出 5G 基站形态，再分析 5G 核心网的架构，以及 5G 如何从 4G 的 EPC 演进而来，最后介绍 5G 核心网的关键技术；第 3 章介绍 5G 无线空口，详细解析其空口的帧结构、信道配置、手机开机信道使用流程及空口速率计算方法；第 4 章首先根据 5G 关键技术的作用对其进行分类，然后逐一介绍其原理；第 5 章介绍 5G 的部署，先是 NSA 和 SA 架构对比，再是承载网的部署方式，最后介绍三大运营商网络的演进策略；第 6 章介绍 5G 在智慧城市、智慧教育、智慧物流、智慧能源、云游戏中的应用。

本书是一本校企合作的双元教材，内容全面、深入浅出、语言精练；为了内容新颖、实用、深刻，本教材从策划到编写由工作在一线的工程师和高校教师共同完成；企业工程师有小鹏汽车上海科技有限公司的工程师李英杰、河北电信设计咨询有限公司的高级工程师耿朋进、奇安信科技集团股份有限公司工程师闫岩、河北省城乡规划设计研究院的高级工程师李明；高校教师有石家庄邮电职业技术学院的姚美菱、张星、庞瑞霞和韩静；本书可以作为高等院校通信工程专业、电子信息工程专业及其相关专业的专业课教材，也可以作为 5G 从业者的学习参考书。

策划编写过程中，得到了很多朋友的支持，还参考和借鉴了相关的著述和文献，在此表示衷心的感谢。由于作者水平有限，书中难免有疏漏和不当之处，恳请各位读者批评指正，帮助作者修改和完善，谢谢。

编著者

2021 年 12 月

目录

第3章

5G 空中接口　048

第4章

5G 关键技术　067

附录一
主要缩略语

附录二
部分习题答案

参考文献

第 **1** 章

揭开 5G 的面纱

1.1
移动通信的发展

自 20 世纪 80 年代以来，移动通信在信息通信舞台上一直扮演着重要角色，在四十多年间，从基于频分多址（FDMA）、时分多址（TDMA）、码分多址（CDMA）技术的 1G、2G、3G 发展到基于正交频分多址（OFDMA）技术的 4G，业务则从模拟语音、数字语音和低速数据、多媒体数据到移动宽带数据拓展，成为连接人类社会的基础信息网络。移动通信的发展不仅深刻改变了人们的生活方式，而且推动了世界各国经济发展、提升了社会信息化水平。

全球移动通信已经走过 1G~4G 四个阶段（见图 1-1），为了应对未来爆炸性的移动数据流量增长、海量的设备连接、不断涌现的各类新业务和应用场景，正向 5G 演进，当今各国已开始 5G 的商业化进程。移动通信已经深刻地改变了人们的生活，但人们对更高性能移动通信的追求从未停止。

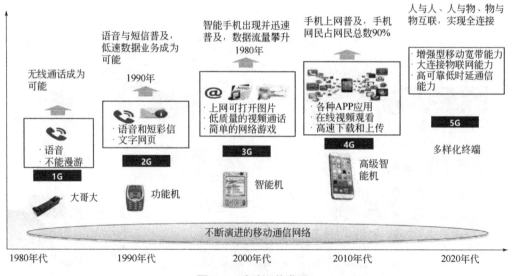

图 1-1 移动通信发展

（1）1G 时代：模拟移动通信时代

1986 年，第一代移动通信系统（1G）在美国芝加哥诞生，采用模拟信号传输。各个国家的 1G 通信标准并不一致，使得第一代移动通信并不能"全球漫游"，这大大阻碍了 1G 的发展。同时，由于 1G 采用模拟信号传输，所以其容量非常有限，一般只能传输语音信号，且存在语音品质低、信号不稳定、安全性差和易受干扰等问题。

但是终于开了移动通信的先河，突破了固定通信的限制，一部终端动辄上万，仍备受商业精英"大哥大"们的青睐。

（2）2G 时代：数字移动通信时代

和 1G 不同的是，2G 采用的是数字调制技术。因此，第二代移动通信系统的容量也在增加，而且 2G 时代的手机可以上网了，虽然数据传输的速度很慢（每秒 9.6～14.4kbit），但文字信息的传输由此开始了，这成为当今移动互联网发展的基础。

2G 时代也是移动通信标准争夺的开始，主要通信标准有以摩托罗拉为代表的美国标准"窄带 CDMA"和以诺基亚为代表的欧洲标准"GSM"。

（3）3G 时代：移动多媒体时代

2G 时代，手机只能打电话和发送简单的文字信息，日益增长的图片和视频传输的需要，人们对于数据传输速度的要求日趋高涨，2G 时代的网速显然不能支撑满足这一需求。于是寄希望实现高速数据传输的 3G 应运而生。

3G 依然采用数字数据传输，但通过开辟新的电磁波频谱、制定新的通信标准，使得终端高速移动状态下 3G 的传输速度可达每秒 384kbit，在室内稳定环境下甚至有每秒 2Mbit。速度的大幅提升，使大数据的传送更为普遍，移动通信有更多样化的应用，故 3G 被视为是开启移动通信新纪元的关键节点。

2007 年，乔布斯发布 iphone，智能手机的浪潮席卷全球。终端功能的大幅提升进一步加快了移动通信系统的演进，人们可以在手机上直接浏览电脑网页、收发邮件、进行视频通话、收看直播等，人类正式步入移动多媒体时代。

3G 时代，主流标准有 3 个：

美国 CDMA2000，高通为主导提出；

欧洲 WCDMA，以 GSM 系统为主的欧洲厂商提出；

中国 TD-SCDMA，中国提出的标准。

中国三家运营商采用的 3G 标准各不相同：

中国联通采用的是 WCDMA；

中国移动采用的是 TD-SCDMA；

中国电信采用的是 CDMA2000。

（4）4G 时代：移动互联网时代

4G 是在 3G 基础上发展起来的，采用更加先进通信协议的第四代移动通信网络。对于用户而言，2G、3G、4G 网络最大的区别在于传输速度不同，4G 网络作为最新一代通信技术，在传输速度上有着非常大的提升，上网速度可以媲美 20M 家庭宽带，因此 4G 网络可以具备非常流畅的速度，观看高清电影、大数据传输速度都非常快。

如今 4G 已经像 "水电"一样成为我们生活中不可缺少的基本资源。微信、微博、视频等手机应用成为生活中的必需，人们无法想象离开手机的生活。4G 使人类进入了移动互联网的时代。

（5）5G 时代：万物互联的时代

随着移动通信系统带宽和能力的增加，移动网络的速率也飞速提升，从 2G 时代的每秒 10Kbit，发展到 4G 时代的每秒 1Gbit，足足增长了 10 万倍。历代移动通信的发展，都以典型的技术特征为代表，同时诞生出新的业务和应用场景。

人们对 5G 的期待更多：高速率（峰值速率大于每秒 20Gbit，相当于 4G 的 20 倍），低时延（网络时延从 4G 的 50ms 缩减到 1ms），海量设备连接（满足 1000 亿量级的连接），低功耗（基站更节能，终端更省电）。

而 5G 不同于传统的几代移动通信，5G 不再由某项业务能力或者某个典型技术特征所定义，它不仅是更高速率、更大带宽、更强能力的技术，而且是一个多业务、多技术融合的网络，更是面向业务应用和用户体验的智能网络，最终打造以用户为中心的信息生态系统。

1.2

5G 的主要驱动力

5G 发展的两大主要驱动力为移动互联网和物联网。

（1）移动互联网

移动互联网颠覆了传统移动通信业务模式，为用户提供前所未有的使用体验，深刻影响着人们工作生活的方方面面。2010 年到 2020 年全球移动数据流量增长超过 200 倍，2010 年到 2030 年将增长近 2 万倍；发达城市及热点地区的移动数据流量增速更快，2010 年到 2020 年上海的增长率超过 600 倍，北京热点区域的增长率超过 1000 倍。面向 2020 年及未来，移动数据流量将出现爆炸式增长。

未来，移动互联网将推动人类社会信息交互方式的进一步升级，为用户提供增强现实、虚拟现实、超高清（3D）视频、移动云等更加身临其境的极致业务体验。移动互联网的进一步发展将带来未来移动流量超千倍增长，推动移动通信技术和产业的新一轮变革。

（2）物联网

物联网扩展了移动通信的服务范围，从人与人通信延伸到物与物、人与物智能互联，使移动通信技术渗透到更加广阔的行业和领域，移动医疗、车联网、智能家居、工业控制、环境监测等将会推动物联网应用爆发式增长，数以千亿的设备将接入网络，实现真正的"万物互联"，并缔造出规模空前的新兴产业，为移动通信带来无限生机。同时，海量的设备连接和多样化的物联网业务也会给移动通信带来新的技术挑战。

物联网不仅涉及普通个人用户，也涵盖了大量不同类型的行业用户。物联网业务类型丰富多样，业务特征也差异巨大。对于智能家居、智能电网、环境监测、智能农业和智能抄表等业务，需要网络支持海量设备连接和大量小数据包频发；视频监控和移动医疗等业务对传输速率提出了很高的要求；车联网和工业控制等业务则要求毫秒级的时延和接近100%的可靠性。另外，大量物联网设备会部署在山区、森林、水域等偏远地区以及室内角落、地下室、隧道等信号难以到达的区域，因此要求移动通信网络的覆盖能力进一步增强。为了渗透到更多的物联网业务中，5G 应具备更强的灵活性和可扩展性，以适应海量的设备连接和多样化的用户需求。

无论是对于移动互联网还是物联网，用户在不断追求高质量业务体验的同时也在期望成本的下降。同时，5G需要提供更高和更多层次的安全机制，不仅能够满足互联网金融、安防监控、安全驾驶、移动医疗等的极高安全要求，也能够为大量低成本物联网业务提供安全解决方案。此外，5G应能够支持更低功耗，以实现更加绿色环保的移动通信网络，并大幅提升终端电池续航时间，尤其对于一些物联网设备。

1.3

5G 三大应用场景

从移动互联网和物联网主要应用场景、业务需求及挑战出发，可归纳出连续广域覆盖、热点高容量、低功耗大连接和低时延高可靠四个5G主要技术场景。

为了应对未来爆炸性的移动数据流量增长、海量的设备连接、不断涌现的各类新业务和应用场景，同时与行业深度融合，满足垂直行业终端互联的多样化需求，实现真正的"万物互联"，构建社会经济数字化转型的基石，ITU为5G定义了三大应用场景：

eMBB（Enhance Mobile Broadband，增强移动宽带）；

mMTC（Massive Machine Type Communications，海量大连接）；

uRLLC（Ultra Reliable Low Latency Communications，低时延高可靠）。

（1）eMBB

eMBB场景主要满足2020年及未来的移动互联网业务需求，也是传统的4G主要技术场景；mMTC、uRLLC两场景主要面向物联网业务，是5G新拓展的场景，重点解决传统移动通信无法很好支持的物联网及垂直行业应用。

eMBB典型应用包括超高清视频、虚拟现实、增强现实等。eMBB场景是传统的4G主要技术场景，可以细分为连续广域覆盖和热点高容量场景。

连续广域覆盖场景是移动通信最基本的覆盖方式，以保证用户的移动性和业务连续性为目标，为用户提供无缝的高速业务体验。该场景的主要挑战在于随时随地（包括小区边缘、高速移动等恶劣环境）为用户提供100Mbps以上的用户体验速率。

热点高容量场景主要面向局部热点区域，为用户提供极高的数据传输速率，满足网络极高的流量密度需求。1Gbps用户体验速率、数十Gbps峰值速率和数十Tbps/km^{2}的流量密度需求是该场景面临的主要挑战。

总之这类场景首先对带宽要求极高，关键的性能指标包括100Mbps用户体验速率（热点场景可达1Gbps）、数十Gbps峰值速率、每平方公里数十Tbps的流量密度、每小时500km以上的移动性等。其次，涉及交互类操作的应用还对时延敏感，例如虚拟现实沉浸体验对时延要求在十毫秒量级。

（2）mMTC

mMTC典型应用包括智慧城市、智能家居等。这类应用对连接密度要求较高，同时呈现行业多样性和差异化。智慧城市中的抄表应用要求终端低成本、低功耗，网络支持海量连接的小数据包；视频监控不仅部署密度高，还要求终端和网络支持高速率；智能家居业务对时延要求相对不敏感，但终端可能需要适应高温、低温、震动、高速旋转等不同家具电器工作环境的变化。

这类终端分布范围广、数量众多，不仅要求网络具备超千亿连接的支持能力，满足 100 万每平方千米连接数密度指标要求，而且还要保证终端的超低功耗和超低成本。

（3）uRLLC

uRLLC 典型应用包括工业控制、无人机控制、智能驾驶控制等。这类场景聚焦对时延极其敏感的业务，高可靠性也是其基本要求。自动驾驶实时监测等要求毫秒级的时延，汽车生产、工业机器设备加工制造时延要求为十毫秒级，可用性要求接近 100%。

1.4

5G 比 4G 强多少

作为新一代移动通信系统，5G 的关键能力比以前几代移动通信系统更加丰富，具体体现在传输速度更快、时延更短、容量更大、应用更广、能量更节省、更绿色、更可靠。2017 年 2 月 22 日，ITU 公布 5G 规划草案《关于 IMT-2020 无线电接口技术性能最低要求》，定义了 5G 的关键性能指标：用户体验速率、峰值速率、时延、移动性、连接数密度、带宽、能效和频谱效率等，指标的具体描述如表 1-1 所示。

表 1-1　5G 的关键性能指标

指标名称	4G 参考值	5G 参考值
峰值速率	1Gbps	20Gbps
用户体验速率	10Mbps（urban/suburban）	0.1～1Gbps
连接数密度	10 万每平方千米	100 万每平方千米
时延	空口 10ms	空口 1ms
移动性	350km/h	500km/h
频谱效率	1 倍	3 倍提升（某些场景 5 倍）
能效	1 倍	100 倍提升（网络侧）
流量密度	0.1Tbps/km^2	10Tbps/km^2

峰值速率：下行不低于 20Gbit/s，上行不低于 10Gbit/s；

用户体验速率：下行不低于 100Mbit/s，上行不低于 50Mbit/s；

连接数密度：不低于 1000000 devices/km^2；

用户面时延：eMBB 场景下低于 4ms；uRLLC 场景下低于 1ms；

控制面时延：eMBB 和 uRLLC 场景下，低于 10ms；

移动性：eMBB rural 情况下支持高达 500km/h 的高速移动，支持地铁、快速路、高速铁路、飞机等高速和超高速移动场景；

带宽：最少支持 100 MHz 的聚合带宽宽度；

频谱效率：下行不低于 30bit/s/Hz，上行不低于 15 bit/s/Hz；

能源效率：是指每消耗单位能量可以传送的数据量，单位为 bit/J，每消耗 1J 能量传送的数据比特的数量。为了持续降低网络能耗，提升系统能源效率，可以考虑一系列新型接入技术，如低功率基站、D2D 技术、移动中继、流量均衡、高效资源协同管理等技术。

5G 性能远远高于 4G，根据 ITU 的取值，5G 的峰值速率高达 20Gbps，体验速率可达 1Gbps，空口时延小于 1ms，每平方千米可连接百万设备，可支持每小时 500km 以上的移动速度。高性能的 5G 网络可承载对网络有特殊需求的行业应用场景，是企业数字化转型的基础，将有效推动行业发展。

二者关键能力的对比图如图 1-2 所示。

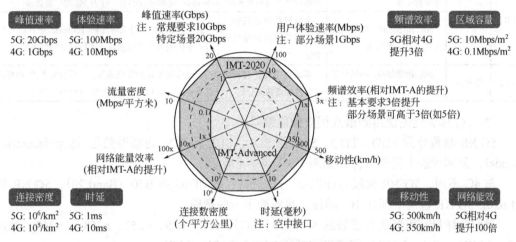

图 1-2　5G 与 4G 关键能力的对比图

其中，用户体验速率、连接数密度和时延为 5G 最基本的三个性能指标。同时，5G 还需要大幅提高网络部署和运营的效率，相比 4G，频谱效率提升 5 ~ 15 倍，能效和成本效率提升百倍以上。

1.5

5G 频谱与传输带宽

3GPP 协议定义了 5G 目标频谱，包括 Sub3G、C-band 和毫米波等多段，总的分为两个大类，即 FR1 和 FR2，其中 FR1 是指 6GHz 以下，包括 Sub3G（低频段）和 C-band（中频段），FR2 特指高频毫米波。

（1）频段的分类及各段特点（见表 1-2）

Sub3G：低频段（3GHz 以下），用于郊区覆盖层。其特点是：路损小，覆盖远，但连续的大带宽不足，大量的被 2G/3G/4G 使用，需要重耕。

C-band：中频段（3.6 ~ 4.9GHz），仍属于 sub 6G（6GHz 以下），是目前 5G 主力频段（覆盖容量层），也是当前各国使用的主力频段（美国除外）。其特点是：路损一般，覆盖距离一般，资源足够，但上下行覆盖距离不平衡。

毫米波：高频段（6GHz 以上），热点区域容量层。其特点是：路损和穿透损耗大，但资源充足，反射和多径损耗较小，多用于室内或热点区域。

表 1-2　频段的分类及各段特点

频段类型		频段优势	频段劣势	部署策略
FR1	Sub3G	频段低，覆盖性能好，小区带宽受限	可用频率资源有限，大部分被当前系统占用	初期不建议部署，后续可以通过 refarming 和 cloudair 技术进行部署，作为 5G 的广覆盖层
	C-band	NR 新增频段，频谱资源丰富，小区带宽大	上行链路覆盖较差，上下行不平衡问题比较明显	5G 主要频段，最大可部署 100MHz 带宽。上下行不平衡的问题可以通过上下行解耦特性来解决
FR2	毫米波	NR 新增频段，小区带宽最大	覆盖能力差，对射频器件性能要求高	初期部署不作为主要选择，主要作为热点 eMBB 容量补充，WTTX 以及 D2D 等特殊场景

（2）5G 部署优先使用频谱及相应频段编号

5G NR 频段分为 FDD、TDD、SUL 和 SDL。SUL 和 SDL 为辅助频段（Supplementary Bands），分别代表上行和下行，如表 1-3、表 1-4 所示。

与 4G 不同，5G NR 频段号标识以 "n" 开头，比如 4G 的 B20（Band 20），5G NR 称为 n20。5G NR 包含了部分 4G 频段，也新增了一些频段。

目前全球最有可能优先部署的 5G 频段为 n77、n78、n79、n257、n258 和 n260，就是 3.3 ~ 4.2GHz、4.4 ~ 5.0GHz 和毫米波频段 26GHz/28GHz/39GHz。

表 1-3　5G NR 工作频段 FR1

5G 频段：FR1	上行频段/MHz	下行频段/MHz	双工模式
n1	1920 ~ 1980	2110 ~ 2170	FDD
n2	1850 ~ 1910	1930 ~ 1990	FDD
n3	1710 ~ 1785	1805 ~ 1880	FDD
n5	824 ~ 849	869 ~ 894	FDD
n7	2500 ~ 2570	2620 ~ 2690	FDD
n8	880 ~ 915	925 ~ 960	FDD
n12	699 ~ 716	729 ~ 746	FDD
n20	832 ~ 862	791 ~ 821	FDD
n25	1850 ~ 1915	1930 ~ 1995	FDD
n28	703 ~ 748	758 ~ 803	FDD
n34	2010 ~ 2025	2010 ~ 2025	TDD

5G 频段：FR1	上行频段/MHz	下行频段/MHz	双工模式
n38	2570 ~ 2620	2570 ~ 2620	TDD
n39	1880 ~ 1920	1880 ~ 1920	TDD
n40	2300 ~ 2400	2300 ~ 2400	TDD
n41	2496 ~ 2690	2496 ~ 2690	TDD
n50	1432 ~ 1517	1432 ~ 1517	TDD[1]
n51	1427 ~ 1432	1427 ~ 1432	TDD
n66	1710 ~ 1780	2110 ~ 2200	FDD
n70	1695 ~ 1710	1995 ~ 2020	FDD
n71	663 ~ 698	617 ~ 652	FDD
n74	1427 ~ 1470	1475 ~ 1518	FDD
n75	N/A	1432 ~ 1517	SDL
n76	N/A	1427 ~ 1432	SDL
n77	3300 ~ 4200	3300 ~ 4200	TDD
n78	3300 ~ 3800	3300 ~ 3800	TDD
n79	4400 ~ 5000	4400 ~ 5000	TDD
n80	1710 ~ 1785	N/A	SUL
n81	880 ~ 915	N/A	SUL
n82	832 ~ 862	N/A	SUL
n83	703 ~ 748	N/A	SUL
n84	1920 ~ 1980	N/A	SUL
n86	1710 ~ 1780	N/A	SUL

表 1-4   5G NR 工作频段 FR2

5G 频段：FR2	上行频段/MHz	下行频段/MHz	双工模式
n257	26500 ~ 29500	26500 ~ 29500	TDD
n258	24250 ~ 27500	24250 ~ 27500	TDD
n260	37000 ~ 40000	37000 ~ 40000	TDD
n261	27500 ~ 28350	27500 ~ 28350	TDD

（3）FR1 支持的子载波带宽和最大传输带宽

如表 1-5 所示，FR1 支持的子载波带宽为 15kHz、30kHz、60kHz，不同子载波带宽时支持的最大传输带宽（即信道带宽）不同，最大支持 100MHz。

以 5MHz 带宽、15kHz 子载波间隔为例，一共包含 25 个 RB，则这 25 个 RB 一共占用的带宽为：25 个 RB×每个 RB 的 12 个 RE×15kHz 的子载波间隔+1 个保留 RE（15kHz）= 4515kHz，剩余的为保护间隔，其他情况同理。表格也体现了下行的各自最大 RB 数和最小 RB 数定义，以及支持单载波情况下的 UE 和 gNB 需要最大的 RF 带宽。

FR1 的最大传输带宽如表 1-5 所示，可见在 Sub 6GHz，系统最大带宽为 100MHz，最大 RB 数为 273，实际占用 98.28M（273×12×30kHz=98.28M），剩余的为保护间隔。

表 1-5　FR1 最大传输带宽

子载波间隔/kHz	信道带宽/MHz										
	5	10	15	20	25	30	40	50	60	80	100
	N$_{RB}$	N$_{RB}$	N$_{RB}$	N$_{RB}$	N$_{RB}$	N$_{RB}$	N$_{RB}$	N$_{RB}$	N$_{RB}$	N$_{RB}$	N$_{RB}$
15	25	52	79	106	133	160	216	270	N/A	N/A	N/A
30	11	24	38	51	65	78	106	133	162	217	273
60	N/A	11	18	24	31	38	51	65	79	107	135

（4）FR2 支持的子载波带宽和最大传输带宽

FR2 支持的子载波带宽为 60kHz 和 120kHz，不同子载波带宽时支持的最大传输带宽不同，最大支持 400MHz。FR2 的最大传输带宽如表 1-6 所示。可见在毫米波，系统最大带宽为 400MHz，最大 RB 数为 264。

表 1-6　FR2 最大传输带宽

子载波间隔/kHz	信道带宽/MHz			
	50	100	200	400
	N$_{RB}$	N$_{RB}$	N$_{RB}$	N$_{RB}$
60	66	132	264	N/A
120	32	66	132	264

按照各频段特点，sub 6GHz（6GHz 以下）频谱将兼顾覆盖与容量的需求，是峰值速率和覆盖能力两方面的理想折中。6GHz 以上频谱可以提供超大带宽和更大容量、更高速率，但是连续覆盖能力不足。

（5）中国四大运营商 5G 频段规范

如图 1-3 所示三大运营商 5G 频段分布图，中国联通和中国电信获得 3.5GHz 的国际主流频段；中国移动获得 2.6GHz+4.9GHz 组合频谱。

中国电信：3400 ~ 3500MHz 的 100MHz。

中国联通：3500 ~ 3600MHz 的 100MHz。

中国移动：2515 ~ 2675MHz 的 160MHz 和 4800 ~ 4900MHz 的 100MHz。其中 2515 ~ 2575MHz；2635 ~ 2675MHz 和 4800 ~ 4900MHz 为新增频段。

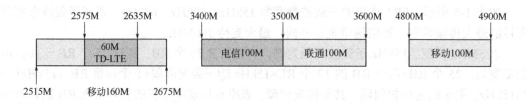

图 1-3　三大运营商 5G 频段分布图

中国广电：700 频段总共是 703～798 共 95M，其中 748～758 是上下行隔离带，用不了，广电 5G 使用 703～733、758～788 共 60M，广电 5G 广播使用 788～798 这 10M 的频率，剩下的只有 733～748 这 15M 的上行频率。

① 频段特征分析

频段特征分析如表 1-7 所示。

表 1-7　频段特征分析

频段	2.5～2.6GHz	4.8～5GHz	3.4～3.6GHz	703～798MHz
用途	中国移动主频段：2515～2675MHz	中国移动容量补充频段：4800～4900MHz	电信主频段：3400～3500MHz 联通主频段：3500～3600MHz	中国广电主频段 703～733，758～788
优点	总带宽大，覆盖好，室分兼容性好	带宽大	产业链成熟、世界主流频段	频率低、覆盖好
缺点	4G/5G 网络容量共存问题，需频率重耕	覆盖差，连续覆盖困难	覆盖偏弱，上行覆盖差	—
异系统共存问题	与 4G 现网 D 频段共存	与 4990～5000MHz 的射电天文业务共存	与卫星固定业务共存	—

② 支持的信道宽度

Sub 6G Hz 信道带宽：5MHz，10MHz，15MHz，20MHz，25MHz，40MHz，50MHz，60MHz，80MHz，100MHz。最大带宽 100M。

毫米波信道带宽：50MHz，100MHz，200MHz，400MHz。最大带宽 400M。

4G/5G 频段中传输带宽表对比如表 1-8 所示。

表 1-8　4G/5G 频段中传输带宽表对比

类型	带宽类型（M）
4G	1.4、3、5、10、15、20
FR1	5、10、15、20、25、40、50、60、80、100
FR2	50、100、200、400

1.6

5G 标准演进

回顾移动通信的发展历程，ITU 给 3G 的命名是 IMT-2000；给 4G 命名 IMT-2010，也叫作 IMT Advanced；给 5G 的命名是 IMT-2020，基本是 10 年一代移动通信，每一代移动通信技术都有不同的制式，如图 1-4 所示，5G 首次实现了全球制式的统一。

在 3G 时代，有 3GPP 制定的 WCDMA、TD-SCDMA 及 3GPP2 制定的 CDMA 2000 共

三个制式的标准；4G 时代，3GPP 制定了 FDD-LTE 及 TDD-LTE 两个制式的标准；5G 时代，终于实现了全球制式的统一。每个制式都由系列标准来规定，5G 只需制定一个制式的标准系列，由 3GPP 负责。

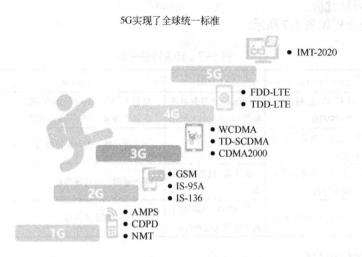

图 1-4 每一代移动通信技术主流制式

5G 第一个标准 R15，于 2019 年完成，R15 版本确定了 5G 的基础架构，主要支持三大场景中的 eMBB 业务，已实现商用。

5G 第二个标准 R16，于 2020 年 7 月冻结，补齐了 uRLLC、mMTC 两大场景能力。

5G 第三个标准 R17，目前已完成功能冻结，并将于 2022 年一季度、二季度分别完成协议冻结和协议编码冻结。

从 R18 开始，将被视为 5G 的演进，命名为 5G Advanced。

思考与复习题

一、单选题

1. ITU-R 正式确定的 5G 法定名称是（   ）。
   A. IMT-2019   B. IMT-2020   C. IMT-2021   D. IMT-2022
2. 以下哪种业务 4G 网络无法支持（   ）。
   A.微信聊天   B.抖音短视频   C.远程医疗手术   D.语音通话
3. 以下哪一个不是 5G 时代的挑战（   ）。
   A.高清语音   B.超高速率   C.超大连接   D.超低时延
4. ITU 对 IMT-2020 的愿景描述中，对增强型移动宽带的速率要求是（   ）。
   A.100Mbit/s   B. 200Mbit/s   C. 500Mbit/s   D. 10Gbit/s
5. ITU 对 IMT-2020 的愿景描述中，增强型移动宽带业务的英文缩写是（   ）。

A.eMBB   B. MBB   C. mMTC   D. uRLLC

6. ITU 对 IMT-2021 的愿景描述中，超高可靠性与超低时延业务的英文缩写是（   ）。
    A. eMBB   B. MBB   C. mMTC   D. uRLLC

7. ITU 对 IMT-2022 的愿景描述中，海量连接的物联网业务的英文缩写是（   ）。
    A. eMBB   B. MBB   C. mMTC   D. uRLLC

8. ITU 对 IMT-2020 的愿景描述中，对超高可靠性与超低时延业务的时延要求是（   ）。
    A. 1ms   B. 1μs   C. 1ns   D. 1s

9. ITU 对 IMT-2021 的愿景描述中，对海量连接的物联网业务的连接数要求是（   ）。
    A. 10 万每平方千米   B. 100 万每平方千米   C. 1 万每平方千米   D. 20 万每平方千米

10. 以下哪一种应用场景属于大规模物联网应用（   ）。
    A.高清 VR   B.8K 视频   C.智能电表   D.自动驾驶

11. 5G 网络中 eMBB 典型应用不包括（   ）。
    A.超高清视频   B. VR/AR   C.在线游戏   D.远程医疗

12. 以下场景，（   ）属于 eMBB 的场景应用。
    A.远程医疗   B.智能城市   C.电力自动化   D.VR/AR

13. 以下应用哪些不属于 5G 的三大场景（   ）。
    A.远程医疗   B. 8K 高清直播   C.手机支付   D.远程抄表

14. 以下场景（   ）属于 mMTC 的场景应用。
    A.自动驾驶汽车   B.高清远程示教   C.水电抄表   D. VR/AR

15. 以下场景（   ）属于 uRLLC 的场景应用。
    A.交通管控   B.高清远程示教   C.远程手术   D.智慧旅游

16. 以下哪些属于 eMBB 场景的特点（   ）。
    A.低时延   B.高速率   C.高可靠   D.大连接

17. 以下哪些属于 eMBB 场景的特点（   ）。
    A.低时延   B.高可靠   C.高速率   D.大连接

18. 中国移动获得的 5G 频率资源有（   ）。
    A. 3.3 ~ 3.4GHz   B. 3.4 ~ 3.5GHz   C. 4.8 ~ 4.9GHz   D. 3.5 ~ 3.6GHz

19. 中国联通获得的 5G 频率资源有（   ）。
    A. 3.3 ~ 3.4GHz   B. 3.4 ~ 3.5GHz   C. 4.8 ~ 4.9GHz   D. 3.5 ~ 3.6GHz

20. 中国电信获得的 5G 频率资源有（   ）。
    A. 3.3 ~ 3.4GHz   B. 3.4 ~ 3.5GHz   C. 4.8 ~ 4.9GHz   D. 3.5 ~ 3.6GHz

21. 中国三大运营商获得的 5G 频段是（   ）。
    A. n38、n75、n76   B. n41、n78、n79
    C. n3、n77，n256   D. n1、n41、n79

22. 在 5G，空口时延的目标是多少（   ）。
    A. 0.1ms   B. 1ms   C. 10ms   D. 100ms

23. 5G 每平方千米至少支持多少台设备（   ）。
    A. 1000   B. 1 万   C. 10 万   D. 100 万

二、简答题

1. 请简述 5G 三大应用场景，并举出示例。
2. 请简述 uRLLC 场景的相关特点，以及使用场景。
3. 5G 跟 4G 有什么不一样？有哪些特征？

第 **2** 章

5G 网络架构

2.1

移动通信网络构成与架构演进

如图 2-1 所示，任何一个移动通信网络都由以下三部分构成。

用户设备：UE，User Equipment。

接入网：RAN，Radio Access Network。

核心网：CN，Core Network。

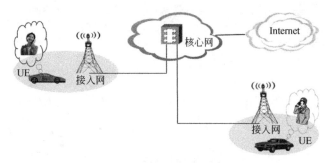

图 2-1 移动通信网络构成

但是移动通信网络结构也一直在演进中，如图 2-2 所示。

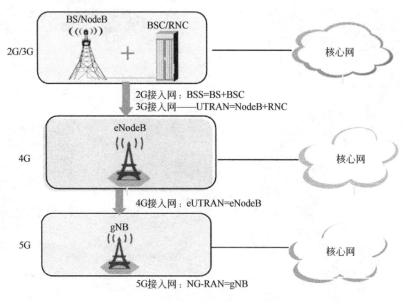

图 2-2 移动通信网络结构演进

（1）2G 网络

如图 2-3 所示，2G 网络的 RAN 叫作基站子系统 BSS（Base Station Subsystem），由基站收发信台 BTS（Base Transceiver Station）和基站控制器 BSC（Base Station Controller）两部分构成。BTS 通过 Um 空中接口收到 MS 发送的无线信号，然后将其传送给 BSC，BSC 负责无线资源的管理及配置（诸如功率控制、信道分配等），然后通过 A 接口传送至核心网部分。

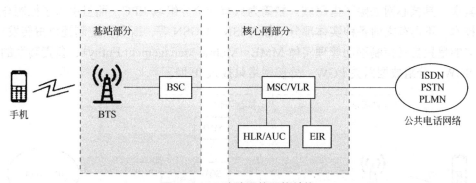

图 2-3   2G 移动通信网络结构

核心网的部分叫作网络子系统 NSS（Network and Switching Subsystem），它主要由 MSC、VLR、HLR、AUC、EIR 等功能实体组成，完成语音业务的电路交换。

（2）3G 网络

如图 2-4 所示，3G 网络的 RAN 叫作 UTRAN，不再包含 BTS 和 BSC，取而代之的是基站 NodeB 与无线网络控制器 RNC（Radio Network Controller），RNC 功能与 BSC 保持一致，无太大区别。

核心网的部分发生了大的变化，除了电路域引入了控制承载分离的软交换技术外，还引入一个分组域，完成数据业务的分组交换，为移动互联业务的开展奠定了基础。

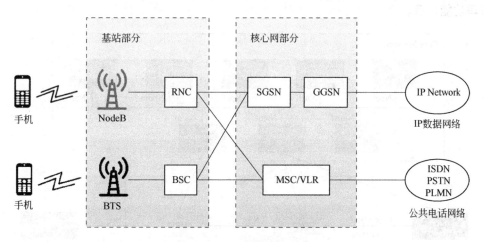

图 2-4   3G 移动通信网络结构

（3）4G 网络

如图 2-5 所示，4G 网络的接入网和核心网分别称为 E-UTRAN 和 EPC（Evolved Packet Core），其结构相对于 3G 发生了一场变革。

首先，接入网不再包含两种功能实体，整个接入网络只有一种基站 eNodeB（简称 eNB），没有了 RNC，RNC 功能一部分给了核心网，另一部分给了 eNodeB，实现接入网的扁平化，降低了处理时延。

其次，其核心网去除了电路域，精简为只有一个分组域 EPC，而且引入了控制与承载分离技术，不再有之前各种实体部分（如 SGSN、GGSN 等，既负责控制还负责转发），取而代之的是只负责控制移动管理实体 MME（Mobile Management Entity）、负责转发的服务网关 SGW、分组数据网关 PGW，外部网络只接入 IP 网。

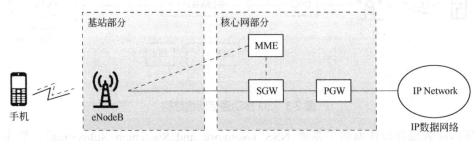

图 2-5　4G 移动通信网络结构

（4）5G 网络

如图 2-6 所示，5G 网络的核心网叫做 5GC，无线接入网叫做 NG-RAN。在 NG-RAN 沿用 4G 的扁平化架构，里面只有 5G 基站：gNB 。

相比于 2G/3G/4G，5G 核心网架构的网络逻辑结构彻底改变了。5G 核心网架构通常采用 SBA（Service Based Architecture，基于服务的架构），将网络功能定义为众多相对独立可被灵活调用的服务模块，如 AMF（接入与移动性管理功能）、UPF（用户面功能）、SMF（会话管理功能）等。

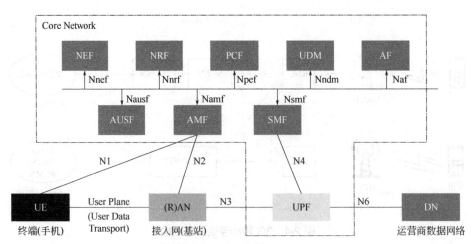

图 2-6　5G 移动通信网络结构

5G 移动通信技术与应用

从上图可看出，5G 网络很复杂，其实其架构也遵循了终端、接入、核心三层架构。为了明晰 5G 网络架构，现将 5G 网络结构简化，并与 4G 网络结构进行对比，如图 2-7 所示。

① 核心网功能块名称不同

不再是 MME、SGW、PGW、HSS 等，换成了一系列功能块，如：

AMF：接入与移动性管理功能；

UPF：用户面功能；

SMF：会话管理功能。

② 接入网内包含的基站名称不同

4G 时代基站叫做 eNodeB（简称 eNB）；5G 时代基站叫做 gNodeB（简称 gNB）。

③ 接口名称不同

NG 是 gNB 与 CN 之间的接口，类似于 4G 的 S1 接口；

Xn 是 gNB 与 gNB 之间的接口，类似于 4G 的 X2 接口。

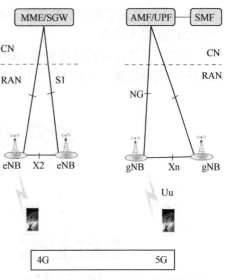

图 2-7　4G、5G 移动通信网络结构对比

2.2

5G 无线网络架构/无线接入网的演进

2.2.1　基站的构成

RAN 无线接入网（Radio Access Network），功能就是把移动终端接入到移动通信网络中。从 2G 到 4G，每一代无线接入网的架构重构，都带来了网络性能的巨大提升。

2G/3G 的 RAN，是两级结构，包括基站及其控制器；4G RAN 采用扁平化架构，精简为只有基站 eNodeB。5G RAN 沿用 4G 扁平化架构，只有基站 gNodeB。

一个基站，通常包括 BBU（主要负责基带信号调制）、RRU（主要负责射频信号处理）、馈线（连接 RRU 和天线）、天线（主要负责线缆上导行波和空气中空间波之间的转换），如图 2-8 所示。

2.2.2　基站的部署形态

（1）一体化基站

一体化基站包括 BBU、RRU 和供电单元等设备，集成在一个柜子或一个机房里的，如

图 2-9 所示。是最早期的基站形态，是 2G 时代基站的主要形态，4G 基站很少采用此形态。

（2）分布式基站

分布式基站也叫拉远式基站，RRU 和 BBU 拆分放置，BBU 放在机柜里，RRU 不再放在室内，而是被搬到了天线的旁边，二者通过光纤连接，如图 2-10 所示。

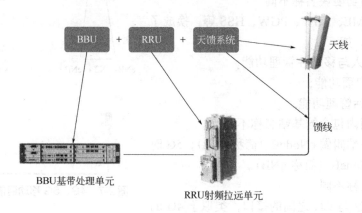

图 2-8　基站的构成

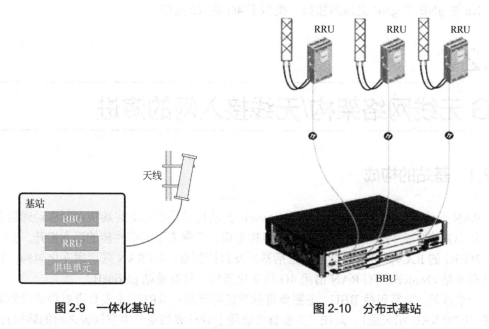

图 2-9　一体化基站　　　　　　　　　图 2-10　分布式基站

这样，RAN 就变成了 D-RAN（Distributed RAN，分布式无线接入网）。

D-RAN 的优势：

拉远式基站大大缩短了 RRU 和天线之间馈线的长度，可以减少信号损耗，也可以降低馈线的成本；

另外，拉远之后的 RRU 搭配天线，可以安装在离用户更近距离的位置；距离用户近了，发射功率可以降低，无线接入网络功耗下降；用户终端也可以低功率发射，更省电，待机时间会更长；

同时 RRU 加天线比较小，摆放灵活，让网络规划简单。

D-RAN 形态是 3G 时代基站的主要形态，但是为了摆放 BBU 和相关的配套设备（电源、空调等），运营商还是需要租赁和建设很多的室内机房或方舱。在 D-RAN 的架构下，运营商仍然要承担非常巨大的成本。于是，运营商就想出了 C-RAN 这个解决方案。

（3）C-RAN

RAN，意思是 Centralized RAN，集中化无线接入网：除了 RRU 拉远之外，BBU 全部都集中放置在中心机房（CO，Central Office），如图 2-11 所示。

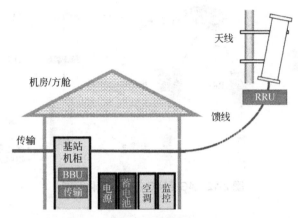

图 2-11　集中化无线接入网 C-RAN

C-RAN 的优势：

集中化放置的 BBU，就变成一个 BBU 基带池，极大减少基站机房数量，减少配套设备（特别是空调）的能耗，降低了运营商的成本。

分散的 BBU 变成 BBU 基带池之后，可以统一管理和调度，资源调配更加灵活。

BBU 基带池既然都在 CO（中心机房），便于对它们进行虚拟化，进一步降低成本。所谓虚拟化，就是网元功能虚拟化（NFV）。简单来说，以前 BBU 是专门的硬件设备，非常昂贵，现在采用 x86 服务器，安装虚拟机（VM，Virtual Machines），运行 BBU 功能的软件，x86 服务器就能当 BBU 用，又可以帮运营商省下大量经费。

C-RAN 形态是 4G 时代基站的主要形态。4G 的网络架构与 2G 和 3G 相比可谓剧变，扁平化架构带来了时延的降低和部署的灵活性，但由于每个基站都要独立和周围的基站建立连接交换信息，随着基站数量的增多，连接数将呈指数级增长，导致出现基站间信息交互低效、干扰大、协同难等痼疾。故 4G 基站的部署形态相对于 2G 和 3G 有大的变化。

2.2.3　5G 基站形态

5G 无线接入网在 4G 的基础上作出了两大颠覆性的升级，即基带单元（BBU）重构为 CU 和 DU、进一步朝着虚拟化的方向发展。

（1）基带单元（BBU）重构为 CU 和 DU

5G 时代，接入网又发生了很大的变化。4G 到 5G 的架构变化如图 2-12 所示，5G 网络中，接入网被重构为三个功能实体：CU（Centralized Unit，集中单元）、DU（Distribute Unit，分布单元）、AAU（Active Antenna Unit，有源天线单元）。

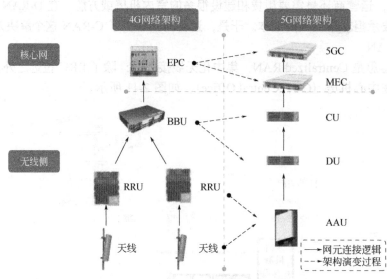

图 2-12 4G 到 5G 的架构变化简图

① 功能实体

CU：原 BBU 的非实时部分将分割出来，重新定义为 CU，负责处理非实时协议和服务，能控制和协调多个小区。同时也支持部分核心网功能下沉和边缘应用业务的部署。

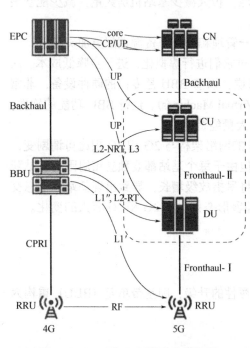

图 2-13 4G 到 5G 基站变化详细图

DU：BBU 的剩余功能重新定义为 DU，负责处理物理层协议和实时服务。考虑节省 AAU 与 DU 之间的传输资源，以降低 DU 和 AAU 之间的传输带宽，部分物理层功能也可上移至 RRU/AAU 实现。

AAU：BBU 的部分物理层处理功能与原来的 RRU 及无源天线合并为 AAU。由于 5G 系统采用 Massive MIMO 技术，其天线端口多、接线困难，且高频段信号的馈线损耗也明显加大，因此，5G 将射频单元与无源天线整合到一起形成有源天线单元。AAU 是有源设备，且重量大、有散热需求，因此对安装空间、杆塔承重和美化罩散热等都提出了新的挑战。

4G 到 5G 的基站变化，如图 2-13 所示。从功能上看，一部分核心网功能可以下移到 CU 甚至 DU 中，用于实现移动边缘计算。此外，原先所有的 L1/L2/L3 等功能都在 BBU 中实现，新的架构下可以将 L1/L2/L3 功能分离，分别放在 CU

和 DU 甚至 AAU 中来实现，以便灵活地应对传输和业务需求的变化。

② CU 和 DU 以及 DU 和 AAU 切分的方案

CU 和 DU 高层切分：总体以处理内容的实时性进行区分，其实 3GPP 定义了 6 种切分方法：option1 到 option 6，R15 阶段 CU 和 DU 高层分割采用 option 2，也就是将 PDCP/RRC 作为集中单元（CU）并将 RLC/MAC/PHY 作为分布单元（DU），如图 2-14 所示。

DU 和 AAU 低层切分：BBU 和 AAU 之间的接口目前有行业组织在研究，3GPP 定义了 2 种切分方法：option7 和 option8，目前还是以各个基站厂家内部标准为主，如图 2-14 所示。

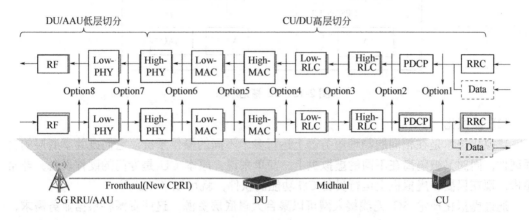

图 2-14　CU 和 DU 以及 DU 和 AAU 切分图

③ CU 和 DU 功能灵活切分的好处

CU 和 DU 分离的架构下可以实现性能和负荷管理的协调、实时性能优化；

CU 和 DU 可以由独立的硬件来实现，硬件实现灵活，可以节省成本；

使用虚拟化技术，在虚拟机上运行 CU 功能的软件，大大降低网络硬件部署成本；

CU 分割出来后，与核心网用户面下沉的部分，一起实现移动边缘计算，这样网络的核心业务处理单元在地理位置上更靠近终端，能有效减少时延，也能减轻无线接入网和核心网之间的网络传输负担；

功能分割可配置能够满足不同应用场景的需求，如传输时延的多变性。

④ DU 和 AAU 功能切分的好处

5G 时代，由于信道带宽的增加，BBU 与 AAU 之间流量需求已经达到了几十个吉比特，甚至上太比特，此时传统的 CPRI 接口已经无法满足传输数据的需要，通过对 CPRI 接口重新切分，将 BBU 部分物理层功能下沉到 AAU，形成新的 CPRI 接口，前传接口只需要传输流数据，而不是天线数据，所需带宽约为 4G 网络的 1/10，有效降低前传压力，同时减少了运营商的组网和施工复杂度。

⑤ 基站形态

为了支持灵活的组网架构，满足不同的应用场景的需求，CU 和 DU 可以是分离的设备，二者通过 F1 接口通信；CU 和 DU 也可以集成在同一个物理设备中，F1 接口成为内部通信接口，如图 2-15 所示。

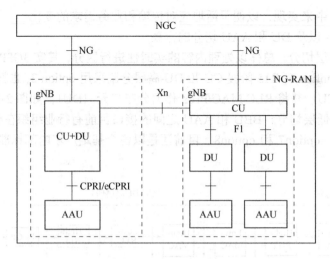

图 2-15　5G 基站形态

（2）虚拟化

虚拟化技术是在相同的物理服务器上运行多个不同的操作系统，它们既共享底层的物理硬件，同时又被隔离在不同的虚拟机上。简单来说，原本 CU 是专门的硬件设备，非常昂贵，现在只要在虚拟机上运行具备 CU 功能的软件，就可以当 CU 用。

通过虚拟化技术 5G 无线接入网可以聚合大量底层资源，这些资源将根据业务需求、用户分布等实际情况进行动态实时分配。如果业务需求大，则虚拟 CU 分配的资源多，处理能力强；如果业务需求小，虚拟 CU 分配的资源减少，多余的资源被及时释放，供其他虚拟化网络功能使用。

2.2.4　5G 基站的部署形态

5G 无线接入网逻辑架构中，已经明确将接入网分为 CU、DU 和 AAU 逻辑节点，各逻辑节点可以合设，也可以分离部署，形成多种部署方式，如图 2-16 所示，第一种方式是 D-RAN，第二种方式是 Cloud-RAN，各种组网方案有利有弊。

（1）D-RAN

D-RAN：分布式 RAN，类似传统 4G 部署方式，采用 BBU 分布式部署，CU 与 DU 合设，优势在对于传输资源要求不高，由于处理时延低，便于满足 uRLLC 场景对于低时延的需求，劣势在于小区间协同能力差，必须使用专用的设备，扩展能力弱，合设对于机房资源要求较高。

（2）Cloud-RAN

Cloud-RAN：云化 RAN，又分为 CU 云化&DU 分布式部署和 CU 云化&DU 集中式部署两种。

CU 云化&DU 分布式：CU 集中部署，DU 类似传统 4G 分布式部署，CU 可以为通用服务器，处理非实时消息，DU 采用专用设备。优势在于 CU 云化，能使用部分协同技术，比如宏站与微站的协同、站间干扰管理等，对于传输资源要求不高，能够降低切换时延，

CU 采用通用服务器便于扩展，但是劣势方面由于 CU 集中部署，控制处理时延增加，DU 分布式对于机房资源要求较高。

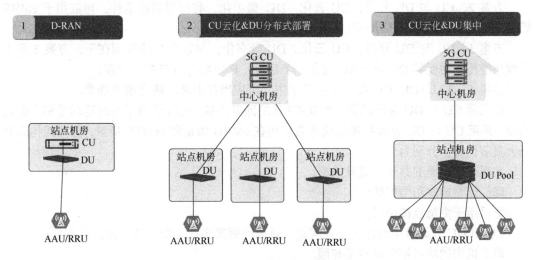

图 2-16　5G 基站部署方式

　　CU 云化&DU 集中式：CU 和 DU 各自采用集中式部署，CU 可以为通用服务器处理非实时消息，DU 采用专用设备，优势在于能全面实现协同技术，能实现宏站与微站的协同、干扰管理、协作多点传输技术 CoMP（Coordinated Multiple Points）、分布式 MIMO（D-MIMO）等技术，但是劣势方面由于 CU 集中部署，控制处理时延增加，CU 和 DU 集中部署虽然节约了机房资源，但是对于传输资源提出了更高的要求。

　　总的来说分布式部署需要更多机房资源，但每个单元的传输带宽需求小，更加灵活。集中式部署节省机房资源，但需要更大的传输带宽。未来可根据不同场景需要，按现场实际情况灵活组网，如图 2-17 所示。

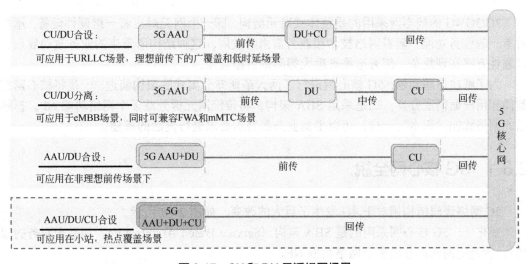

图 2-17　CU 和 DU 灵活组网场景

方案 1, CU 与 DU 合设, 集中化, 此方案与 4G 的 C-RAN 方案类似, 主要用于 URLLC 场景, 有理想前传, 可以有效控制时延;

方案 2, CU 与 DU 分离, CU 云化, DU 集中化, 有理想前传条件, 可应用于 eMBB 场景, 同时可兼容 mMTC 场景;

方案 3, CU 与 DU 分离, CU 云化, DU 分布化, 与方案 2 的区别在于, 方案 3 用于无理想前传, 需要将 DU 与 AAU 放在一个站点, 其他场景与方案 2 一致;

方案 4, AAU+DU+CU 在一个小基站中, 可应用在小站, 热点覆盖场景。

即采用 CU 与 DU 合设场景, 类似 4G 基站部署场景, 比较适用于低时延场景和广覆盖场景。采用 CU 与 DU 分离场景比较适合应用在 eMBB 场景和 mMTC 场景, 分离架构的有三大显著优势, 分别为:

实现基带资源的共享, 提升效率;

降低运营成本和维护费;

更适用于海量连接场景。

CU 和 DU 分离架构也存在一定问题, 具体问题集中在三个大的方面, 分别为:

单个机房的功率和空间容量有限;

网络规划及管理更复杂;

引入中传网有时延增加的问题。

2.3

5G 核心网架构

2G/3G/4G 的核心网采用的是整体式网元结构, 即一个网元对应着一组硬件设备, 承担着单一的业务功能。随着网络技术和业务需求的发展, 这种结构所带来的业务改动复杂、可靠性方案实现复杂, 部署运维难度大等问题日渐显现。

为了解决这些问题, 5G 核心网进行了两大革新向分离式的架构演进: 一是将核心网控制面和用户面彻底分离; 二是采用 SBA 架构, 将传统网元拆分成多个网络功能 NF。拆解后的网络犹如 "积木" 一样, 可以根据业务部署的要求进行灵活的搭建。

2.3.1　5G 核心网全貌

5G 网络逻辑结构相对于 4G 发生了巨大的改变, 如图 2-18 所示。

变化一: 5G 核心网采用的是 SBA 架构 (Service Based Architecture, 即基于服务的架构), 传统的网元拆分成多个网络功能 NF。

SBA 架构借鉴了 IT 领域的 "微服务" 理念。把原来具有多个功能的整体, 分拆为多个具有独自功能的个体。每个个体实现自己的微服务。从单体式架构（Monolithic）到微服务架构（Microservices）的变化，会有一个明显的表现，就是网元功能模块数量大量增加了。

变化二：5G核心网控制面和用户面彻底分离。

如图2-18所示，虚线内为5G核心网控制面；UPF为用户面。

3GPP 规范里规定了 5G 核心网最基本的网络架构——基于服务接口的非漫游网络架构，如图中所示。图中描述了基于服务接口的非漫游参考架构中的控制面和用户面。

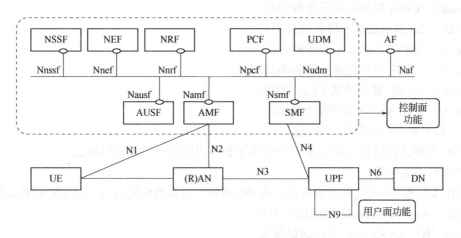

图 2-18　5G 网络逻辑结构

（1）5G 网络架构中的网元和功能块

UE（User Equipment，用户设备）；

AN（Access Network，接入网络）或 RAN（Radio Access Network，无线接入网）；

AMF（Access and Mobility Management Function，接入和移动性管理功能）；

UPF（User Plane Function，用户平面功能）；

SMF（Session Management Function，会话管理功能）；

NEF（Network Exposure Function，网络开放功能）；

PCF（Policy Control Function，控制策略功能）；

UDM（Unified Data Management，统一数据管理）；

NRF（NF Repository Function，网络仓储功能）；

AUSF（Authentication Server Function，认证服务器功能）；

AF（Aplication Function，应用功能）；

NSSF（Network Slice Selection Function，网络切片选择功能）；

DN（Data Network，数据网络），例如运营商服务，互联网接入或第三方服务。

（2）5G 网络架构中的接口

接口明显分成了两种，一种是基于服务的接口，另一种是基于参考点的功能对等接口。

① 基于服务的接口

在核心网控制平面内，网络功能之间的接口是基于服务的接口（比如 Nnssf、Nnef、Nnrf 等），这些接口的命名都是在网络功能单元前面加上一个字母 N。基于服务的接口是每个网络功能单元和总线之间的接口，它是核心网基于服务架构的体现。

基于服务的接口主要包括：

NAMF：AMF 展示的基于服务的接口；

Nsmf：SMF 展示的基于服务的接口；

Nnef：NEF 展示的基于服务的接口；

NPCF：PCF 展示的基于服务的接口；

Nudm：UDM 展示的基于服务的接口；

NAF：AF 展示的基于服务的接口；

Nnrf：NRF 展示的基于服务的接口；

Mnssf：NSSF 展示的基于服务的接口；

Nausf：AUSF 展示的基于服务的接口；

Nudr：UDR 展示了基于服务的接口。

② 基于参考点的功能对等接口

5GC 与接入网的接口还是采用传统基于参考点的功能对等接口模式。

参考点主要包括：

N1：UE 和 AMF 之间的参考点，在 4G 网络中没有类似的接口（从 UE 到核心网）；

N2：（R）AN 和 AMF 之间的参考点；

N3：（R）AN 和 UPF 之间的参考点；

N4：SMF 和 UPF 之间的参考点；

N6：UPF 和数据网络之间的参考点；

N9：两个 UPF 之间的参考点。

（3）5G 网络架构的特点

5G 网络架构有如下特点。

① 5G 核心网模块化。参考 4G 之 EPC 架构，用户面和控制面实现彻底分离，而且控制面的功能细化成很多模块，即相比 4G 核心网，5G 核心网中用更多网络功能代替 4G 网元，例如 4G 的 MME，拆分成 3 个网络功能 AMF、AUSF、SMF。

EPC 网元	功能	NGC 网络功能
MME	移动性管理	AMF
	鉴权管理	AUSF
	PDN 会话管理	SMF
PGW	PDN 会话管理	
	用户面数据转发	UPF
SGW	用户面数据转发	
PCRF	计费及策略控制	PCF
HSS	用户数据库	UDM

5G 核心网之所以要模块化，有一个主要原因，就是为了"切片"。既然网络万物互联，用途多样，当以一个固定网络结构去应对，效果不佳。只有拆分成模块，灵活组建业务。

例如，在低时延的场景中（譬如自动驾驶），核心网的部分功能，就要更靠近用户，放在基站侧，这就是"下沉"。下沉不仅可以保证"低时延"，更能够节约成本。

② 5G 核心网软件化。网络基于 NFV（Network Functions Virtualization，网络功能虚拟化）技术，实现逻辑功能和硬件的解耦。

5G 核心网包含网元功能模块看上去虽多，但是其硬件都可以在虚拟化平台里面虚拟出来，故扩容、缩容变得容易，升级、割接也变得容易，相互之间不会造成太大影响。而且用户面摆脱了中心化的约束，使其可以灵活部署于核心网，也可以部署于接入网。

2.3.2 5G 核心网主要模块的功能

5G 核心网主要模块如图 2-19 所示。

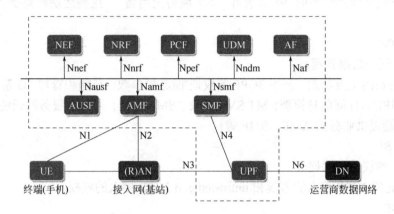

图 2-19 5G 核心网主要模块图

（1）AMF

AMF：接入和移动性管理功能实体。

AMF 是 RAN 信令接口（N2）的终结点，NAS（N1）信令（MM 消息）的终结点，负责 NAS 消息的加密和完保、负责注册、接入、移动性、鉴权、透传短信等功能。

AMF 可以类比于 4G 的 MME 实体。

（2）SMF

SMF：会话管理功能实体。

SMF 的主要功能有：NAS 消息的 SM 消息的终结点；会话（session）的建立、修改、释放；UE IP 的分配管理；为一个会话选择和控制 UPF；计费数据的收集以及支持计费接口。

（3）UPF

UPF：用户面功能实体。

UPF 最主要的功能是负责数据包的路由转发、Qos 流映射；其类似于 4G 下的 GW（SGW+PGW）。

（4）PCF

PCF：策略控制功能实体。

PCF 支持统一的策略框架去管理网络行为，提供策略规则给网络实体去实施执行，访问统一数据仓库（UDR）的订阅信息。

（5）NEF

NEF：网络开放功能实体。

负责管理对外开放网络数据。所有的外部应用、想要访问 5G 核心网内部数据都必须要 NEF 才行。

（6）NRF

NRF：网络仓储功能。

NRF 不是类似硬盘这样的存储器，而是像仓库一样，用来进行 NF 的登记和管理。由于 5G 的 NF 众多，需要用 NRF 来实现所有 NF 的自动化管理。每个 NF 都通过服务化接口对外提供服务，并允许其他 NF 访问或调用自身的服务。提供服务的 NF 被称作"NF 服务提供者"，访问或调用服务的 NF 被称作"NF 服务使用者"。这些活动都需要 NRF 的管理和监控。

（7）UDM

UDM：统一数据管理。

UDM 负责的主要功能：产生 3GPP 鉴权证书/鉴权参数；存储和管理 5G 系统的永久性用户 ID（SUPI）；订阅信息管理；MT-SMS 递交；SMS 管理；用户的服务网元注册管理（比如当前为终端提供业务的 AMF、SMF 等）。

（8）AUSF

AUSF：鉴权服务器网元。

AUSF 支持 3GPP 接入的鉴权和 untrusted non 3GPP 接入的鉴权。

（9）UDR

UDR：统一数据仓库。

UDR 用于 UDM 存储订阅数据或读取订阅数据、用于 NEF 存储暴露的数据或者从中读取暴露的数据以及 PCF 存储策略数据或者读取策略数据。

2.3.3　4G 核心网到 5G 核心网演进

在 4G 到 5G 演进过程中，核心网侧从 EPC（Evolved Packet Core，演进的核心网）向 5GC 演进。

（1）4G 核心网构成

4G 核心网主要包含 MME、SGW、PGW、HSS 这几个网元，如图 2-20 所示，下面简要介绍这些网元的作用。

MME 的全称是 Mobility Management Entity，含义为移动性管理实体。MME 是 4G 核心网中的核心网元，MME 主要负责移动性管理和控制，包含用户的鉴权、寻呼、位置更新和切换等等。

手机必须定期向 MME 报告自己的位置，如果想上网的话，也必须先到 MME 注册才行，如果手机移动其他基站下，需要 MME 来协调切换。可以说 MME 掌控一切，统领全局。

SGW 的全称叫 Serving Gateway，含义为服务网关。它主要负责手机上下文会话的管理和数据包的路由和转发，相当于数据中转站。

PGW 的全称叫 Packet data network Gateway，含义为分组数据网络网关。它主要负责连接到外部网络。即如果手机要上互联网，必须通过 PGW 转发才行。除此之外 PGW 还承担着手机的会话管理和承载控制以及 IP 地址分配、计费支持等功能。

HSS 的全称叫 Home Subscriber Server，含义为归属用户服务器。它是一个中央数据库，包含与用户相关的信息和订阅相关的信息。其功能包括：移动性管理，呼叫和会话建立的支持，用户认证和访问授权。

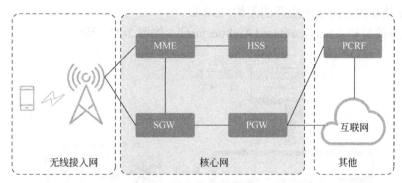

图 2-20　4G 核心网

（2）4G 核心网缺陷

① 控制面和用户面并没有完全分开。

如上所述，SGW 和 PGW 不但要处理转发用户面数据，还要负责进行会话管理和承载控制等控制面功能，这种用户面和控制面交织的缺点，导致了业务改动复杂、效率难以优化、部署运维难度大的问题。于是，在 2016 年，3GPP 对 SGW/PGW 进行了一次拆分，把这两个网元都进一步拆分为控制面（SGW-C 和 PGW-C）和用户面（SGW-U 和 PGW-U），如图 2-21 所示，称为控制面用户面分离架构。

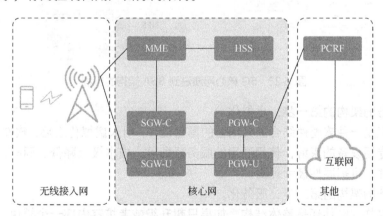

图 2-21　控制面用户面分离架构的 4G 核心网

控制面用户面分离还有另一个重要目的，那就是让网络用户面功能摆脱"中心化"的囚禁，使其既可灵活部署于核心网（省级或大区级数据中心），也可部署于接入网（边缘数据中心），最终实现可分布式部署。

② 改进后的控制面用户面分离架构依然脱胎于 4G 核心网，而 4G 核心网仅仅是为手机高速上网诞生的，这只对应了 5G 的 eMBB 场景。此架构因为不够灵活，大量的网元和复杂接口无法支持多元化 5G 业务。

面对多样化的 5G 业务场景，需要抛弃突破传统功能实体的藩篱，新的核心网网络架构呼之欲出。

故 5G 采用基于服务的架构（SBA）：引入虚拟化技术，软件和硬件解耦；引入 SDN，控制面和用户面分离；引入 MEC，计算和存储分离；全面支持网络切片，并对第三方开放接口。

（3）5G 核心网采用基于服务的架构（SBA）

基于服务的架构（Service Based Architecture），如图 2-22 所示。

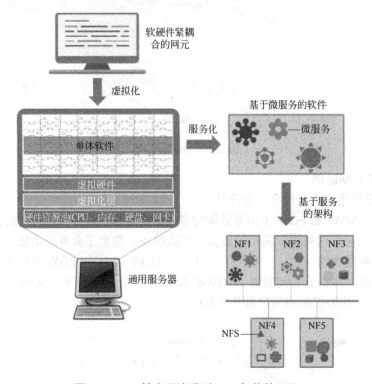

图 2-22 5G 核心网演进到 SBA 架构的历程

基于服务的架构的第一步：虚拟化。

传统网元是一种软硬件结合的紧耦合的黑盒设计，引入虚拟化之后，软件和硬件解耦，硬件摆脱了专用设备的束缚，使用通用的服务器即可，成本极大降低。同时，软件也不再关注底层硬件，可扩展性极大提高。

基于服务的架构的第二步：服务化。

但是，这样的软件还是整体结构，如果只想升级或者扩容内部一个模块，就得牵一发而动全身，不够灵活。故借鉴了 IT 系统中微服务的架构，把大的单体软件进一步分解为多个小的模块化组件，这些组件就叫做网络功能服务（NFS），它们高度独立自治，并通过开放接口来相互通信，可以像搭积木一样组合成大的网络功能（NF），以提升业务部署的敏捷性和弹性。

于是，4G 核心网中那些"实体""服务器""网关"等和硬件相关的网元消失了，虚拟化之后的网络不再关注底层硬件；那些错综复杂的软件功能模块全部重造，再凝练成为一个个的软件意义上的网络功能（NF，即 Network Function），如图 2-23 所示。

比如 MME 中负责接入和移动性管理的功能独立出来，成了 5G 的 AMF；负责鉴权管理的功能独立出来，成了 5G 的 AUSF 的一部分；与此同时，负责会话管理的功能，和 SGW-C 和 PGW-C 合并成为 SMF，会话管理从以前的兼职分散管理变成了现在的专业和集中化管理。

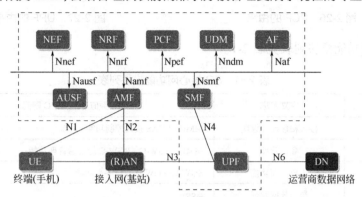

图 2-23　5G 核心网的网络功能

每个网络功能逻辑上相当于一个网元，但这些网络功能是完全独立自治的，无论是新增、升级，还是扩容都不会影响到其他的网络功能，这就为网络的维护和扩展提供了极大的便利性。

（4）5G 核心网与 4G 核心网的对比

① 大部分 5G 的 NF 能在 4G 核心网中找到影子

MME 中负责接入和移动性管理的功能独立出来，成了 5G 的 AMF；MME 负责会话管理的功能，和 SGW-C 和 PGW-C 合并，成为 SMF，如图 2-24 所示。

MME 和 HSS 中关于用户鉴权的功能被抽取出来，合并成为 5G 的 AUSF；与此同时，HSS 中剩余的用户数据管理功能独立成为 UDM，和 AUSF 配合工作来完成用户鉴权数据相关的处理，如图 2-25 所示。

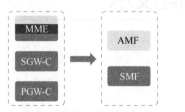

图 2-24　AMF SMF 的由来

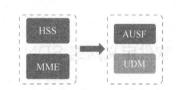

图 2-25　UDM 和 AUSF 的由来

负责策略控制和计费规则管理功能的 PCRF，演化成了 5G 中的策略控制功能 PCF，丢掉了计费规则管理功能，如图 2-26 所示。

② 5G 核心网还引入了一些全新的网络功能 NF，主要包括

NSSF（Network Slice Selection Function，网络切片选择功能），负责管理网络切片的 NSSF，管理对外开放网络数据的 NEF 和负责 NF 的登记和管理的 NRF。

4G 核心网的两个控制面网元 SGW-U 和 PGW-U 合二为一，成为 5G 的用户面功能——UPF，如图 2-27 所示。

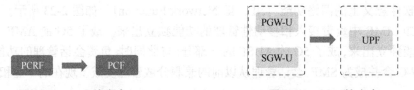

图 2-26 PCF 的由来　　　　　　　　　图 2-27 UPF 的由来

5G 核心网功能模块列表见表 2-1。

表 2-1　5G 核心网功能模块列表

5G 网络功能	中文名称	类似 4G·EPC 网元
AMF	接入和移动性管理	MME 中 NAS 接入控制功能
SMF	会话管理	MME、SGW-C、PGW-C 的会话管理功能
UPF	用户平面功能	SGW-U+PGW-U 用户平面功能
UDM	统一数据管理	HSS
PCF	策略控制功能	PCRF（Policy and Charging Rule Fuction，策略和计费控制单元）
AUSF	认证服务器功能	HSS 中鉴权功能
NEF	网络开放功能	5G 新增
NSSF	网络切片选择功能	5G 新增，用于网络切片选择
NRF	网络仓储功能	5G 新增，类似增强 DNS 功能

2.4
与 5G 网络架构相关的关键技术

2.4.1　软件定义网络 SDN

软件定义网络 SDN（Software Defined Network）是由美国斯坦福大学 Clean State 研究组提出的一种新型网络创新架构，可通过软件编程的形式定义和控制网络，其特点是控制平面和转发平面分离以及开放性可编程，被认为是网络领域的一场革命。

SDN 试图摆脱硬件对网络架构的限制，这样便可以像升级、安装软件一样对网络进行修改，便于更多的 APP（应用程序）能够快速部署到网络上。

（1）SDN 的由来

传统电信网络在水平方向是标准和开放的，每个网元可以和周边网元按标准协议进行互联。但和计算机网络相比存在不足。

在计算机的世界里，不仅水平方向是标准和开放的，垂直方向也是标准和开放的，从下到上是硬件、驱动、操作系统、编程平台、应用软件，编程者可以很容易地创造各种应用。

传统电信网络和计算机网络对比，在垂直方向上是"相对封闭"和"没有框架"的，故在垂直方向创造应用、部署业务是相对困难的。

故希望 SDN 将在整个网络（不仅仅是网元）的垂直方向变得开放、标准化、可编程，从而让网络资源的使用更容易、更有效。

（2）SDN 的设计思想

① 分层的思想

SDN 将数据与控制相分离，将网络中交换设备的控制逻辑集中到计算设备上，提升网络管理配置能力。控制层，包括具有逻辑中心化和可编程的控制器，可掌握全局网络信息，方便运营商管理配置网络和部署新协议等；数据层，包括数据转发设备，仅提供简单的数据转发功能，可以快速处理匹配的数据包，适应流量日益增长的需求。

② 开放可编程性的思想

控制层与数据层之间采用开放的统一接口，控制器通过标准接口向数据转发设备下发统一标准规则，数据转发设备仅需按照这些规则执行相应的动作。

此外，南北向和东西向也具备接口开放和可编程性。

SDN 通过分离控制平面和数据平面以及开放的通信协议，打破了传统网络设备的封闭性；通过南北向和东西向的开放接口及可编程性，也使得网络管理变得更加简单、动态和灵活。

（3）SDN 的三个主要特征

转控分离：网元的控制平面在控制器上，负责协议计算，产生流表；而转发平面只在网络设备上。

集中控制：设备网元通过控制器集中管理和下发流表，这样就不需要对设备进行逐一操作，只需要对控制器进行配置即可。

开放接口：第三方应用只需要通过控制器提供的开放接口，通过编程方式定义一个新的网络功能，然后在控制器上运行即可。

（4）SDN 的优势

SDN 将网络设备上的控制权分离出来，由集中的控制器管理，无需依赖底层网络设备，屏蔽了底层网络设备的差异。而控制权是完全开放的，用户可以自定义任何想实现的网络路由和传输规则策略，从而更加灵活和智能。

进行 SDN 改造后，无需对网络中每个节点的转发设备反复进行配置，网络中的设备本身就是自动化连通的，只需要在使用时定义好简单的网络规则即可。因此，如果转发设备（例如路由器）自身内置的协议不符合用户的需求，可以通过编程的方式对其进行修改，以实现更好的数据交换性能。这样，网络设备用户便可以像升级、安装软件一样对网络架构进行修改，满足用户对整个网络架构进行调整、扩容或升级的需求，而底层的转发设备（例如交换机、路由器等硬件设备）则无需替换，节省大量成本的同时，网络架构的迭代周期也将大大缩短。

总之，SDN 具有传统网络无法比拟的优势：

首先，数据控制解耦合使得应用升级与设备更新换代相互独立，加快了新应用的快速部署；

其次，网络抽象简化了网络模型，将运营商从繁杂的网络管理中解放出来，能够更加灵活地控制网络；

最后，控制的逻辑中心化使用户和运营商等可以通过控制器获取全局网络信息，从而优化网络，提升网络性能。

（5）SDN 网络架构

SDN 是对传统网络架构的一次重构，由原来分布式控制的网络架构重构为集中控制的网络架构。

SDN 网络体系架构的三层模型，如图 2-28 所示。

应用平面层：这一层主要是体现用户意图的各种上层应用程序，典型的应用包括 OSS（Operation support system 运营支撑系统）、Openstack 等。传统的 IP 网络同样具有转发平面、控制平面和管理平面，只是传统的 IP 网络是分布式控制的，而 SDN 网络架构下是集中控制的。

控制层：控制层是系统的控制中心、网络的"大脑"，负责网络的内部交换路径和边界业务路由的生成，并负责处理网络状态变化事件。

转发层：转发层主要由转发器和交换机等通用硬件构成，这一层负责执行用户数据的转发，转发过程中所需要的转发表项是由控制层生成的。

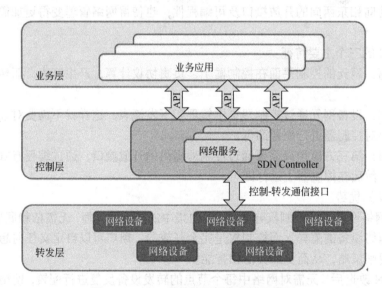

图 2-28　SDN 网络体系架构的三层模型

为了在这些层级之间进行通信，SDN 使用北向和南向应用接口（API），其中南向接口在转发层和控制层之间进行通信，北向 API 在应用层和控制层之间进行通信。

北向接口：使用 SDN 的应用程序依赖于控制器来告诉它们网络基础状态，以便它们知道哪些资源是可用的。此外，SDN 控制器可以根据网络管理员建立的策略自动确保应用程序流量路由。应用层与控制层通信，告诉它应用程序需要什么资源，以及它们的目的地。控制层协调如何向应用层提供网络中可用的资源。它还利用其智能，根据应用程序的延迟和安全需求，为应用程序找到最佳路径。整个业务流程是自动化完成的，而不是手动配置的。

南向接口：SDN 控制器通过南向接口与转发层（如路由器和交换机）通信。网络转发层被告知应用程序数据必须采用由控制器决定的路径转发。控制器可以实时改变路由器和交换机转发的方式。数据不再依赖于设备路由表来确定数据转发路径。相反，控制器可以智能优化数据转发的路径。

2.4.2　网络功能虚拟化 NFV

NFV（Network Function Virtualization），即网络功能虚拟化。通过使用 x86 等通用性硬件以及虚拟化技术，来承载很多功能的软件处理，从而降低网络昂贵的设备成本。可以通过软硬件解耦及功能抽象，使网络设备功能不再依赖于专用硬件，资源可以充分灵活共享，实现新业务的快速开发和部署，并基于实际业务需求进行自动部署、弹性伸缩、故障隔离和自愈等。

NFV 的目标是取代通信网络中私有、专用和封闭的网元，实现统一通用硬件平台+业务逻辑软件的开放架构；即希望通过标准的硬件承载各种各样的网络软件功能，实现软件的灵活加载，在数据中心、广域网、园区网等各个位置灵活的配置，成倍加快网络部署和调整的速度，降低业务部署的复杂度及总体投资成本，提高网络设备的统一化、通用化、适配性。

（1）NFV 的起源

传统的移动通信网络是由规模庞大且迅速增长的多种多样的硬件设备组成的。开发一个新的网络业务经常需要新类型的设备支持，鉴于硬件设备的复杂度提升，也增加了对设计、集成、运营所需要的各种技能的要求，而且新业务上线慢，以网元为单位大颗粒整包交付导致开发周期长，测试工作量大，升级影响大，软件发布周期需要 3~9 个月；同时为这些新设备需找空间、提供电源变得日益困难；还伴随着能源成本的增加、投资额的挑战；更严重的问题是，基于硬件的设备很快就到了生命周期，这需要更多的"设计-集成-部署"循环，但收益甚少。

网络虚拟化通过借用 IT 的虚拟化技术，将各种类型的网络设备合并入工业界标准中，如 servers、switches 和 storage，可以部署在数据中心、网络节点或是用户家里。网络虚拟化适用于网络中任何数据面的分组处理和控制面功能。

NFV 是运营商为了解决电信网络硬件繁多、部署运维复杂、业务创新困难等问题而提出的。NFV 在重构电信网络的同时，给运营商带来的价值有：缩短业务上线时间、降低建网成本、提升网络运维效率、构建开放的生态系统。

（2）NFV 的关键技术

在 NFV 的道路上，虚拟化是基础，云化是关键。

虚拟化：传统电信网络中，各个网元都由专用硬件实现，成本高、运维难。虚拟化具有分区、隔离、封装和相对于硬件独立的特征，能够很好地匹配 NFV 的需求。运营商引入此模式，将网元软件化，运行在通用基础设施上。

云化：云计算是一种模型，它可以实现随时随地、便捷地、随需应变地从可配置计算资源共享池中获取所需的资源（例如网络、服务器、存储、应用及服务），资源能够快速供应并释放，使管理资源的工作量和与服务提供商的交互减小到最低限度。云计算拥有诸多好处。运营商网络中网络功能的云化更多的是利用了资源池化和快速弹性伸缩两个特征。

（3）NFV 的定义

NFV 即 Network Functions Virtualization（网络功能虚拟化），是指利用虚拟化技术将标准的通用 IT 设备（X86 服务器、存储和交换设备）构建为一个数据中心网络，通过借用 IT 的虚拟化技术虚拟形成 VM（虚拟机），然后将传统的 CT 业务部署到 VM 上，从而实现各种网络功能。

NFV 是一种通过 IT 虚拟化技术将网络节点功能虚拟为软件模块的网络架构，这些软件模块可以按照业务流程连接起来，共同为企业提供通信服务。

在 NFV 出现之前设备的专业性很突出，具体功能都由专门的设备实现。而 NFV 应用之后设备的控制平面和具体的设备分离，不同设备的控制平面基于虚拟机，虚拟机基于云操作系统，这样当企业需要部署新业务时只需要在开放的虚拟机操作平台上创建相应的虚拟机，然后在虚拟机上安装相应功能的软件包即可。

（4）NFV 的优点

通过设备合并、借用 IT 的规模化经济，减少设备成本、能源开销。

缩短网络营运的业务创新周期，提升投放市场的速度，使运营商极大地减少网络成熟周期。

网络设备可以多版本、多租户共存，且单一平台为不同应用、用户、租户提供服务，允许运营商跨服务和跨不同客户群共享资源。

基于地理位置、用户群引入精准服务，同时可以根据需要对服务进行快速扩张/收缩。

更广泛、多样的生态系统使能，促进开放，将开放虚拟装置给纯软件开发者、小商户、学术界、鼓励更多的创新，引入新业务，耕地的风险带来新的收入增长。

NFV 将虚拟化技术引入到电信领域，使得硬件和软件能够解耦，采用通用平台来完成专用平台的功能。4G 核心网的控制部分较为复杂，需要多个网元、功能实体的配合完成核心网的控制功能，5G 借助 NFV 采用通用平台实现的方式，可以基于虚拟化技术和虚拟化网络功能的方式实现核心网的控制功能，具有灵活性、可扩展、便于维护和管理的特点。

（5）对比 NFV 和 SDN

首先，SDN 与 NFV 的初衷不同：

SDN 的初衷是把网络软件化，提高网络可编程能力和易修改性。SDN 没有改变网络的功能，而是重构了网络的架构。

NFV 的初衷是把专用硬件设备变成一个通用软件设备，共享硬件基础设施。 NFV 没有改变设备的功能，而改变了设备的形态。

其次，SDN 与 NFV 的核心不同：

SDN 的核心：转发、控制平面分离；控制面可编程。

NFV 的核心：将网络设备的功能从网络硬件中解耦；将电信硬件设备从专用产品转为

通用化产品；数据平面可编程。

再次，带来的好处不同：

SDN带来的好处有：简化网络配置过程；提升了网络业务自动化和网络自治水平，更快部署网络业务实例。更快在网络中增加新业务，大量需求仅需要升级控制器软件就可以实现；通过集中控制，对网络资源进行统筹调度和深度挖掘，提高网络资源利用率，接入更多业务成本降低。

NFV带来的好处有：简化了设备形态，统一了底层硬件资源，都是服务器和交换机；加快产品和新业务推向市场，无需改变硬件；采用通用服务器和交换机作为基础设施，大大降低设备成本；可按需实时扩容，实现新需求新业务更快，避免了硬件的冗长开发周期；可动态分配硬件资源，所以增加了灵活性/扩展性。

最后，作用范围的不同：

SDN负责网络本身的虚拟化（比如，网络节点和节点之间的相互连接）；SDN负责分离控制面和数据面，将网络控制面整合于一体。这样，网络控制面对网络数据面就有一个宏观全面的视野，路由协议交换、路由表生成等路由功能均在统一的控制面完成。

NFV负责各种网元的虚拟化。

2.4.3　网络切片

网络切片是一种按需组网的方式，可以让运营商在统一的基础设施上切出多个虚拟的端到端网络，每个网络切片从无线接入网到承载网再到核心网在逻辑上隔离，适配各种类型的业务应用。在一个网络切片内，至少包括无线子切片、承载子切片和核心网子切片。

简单来说，网络切片就是把一张物理上的网络，按应用场景划分为 N 张逻辑网络。不同的逻辑网络服务于不同场景，如图 2-29 所示。

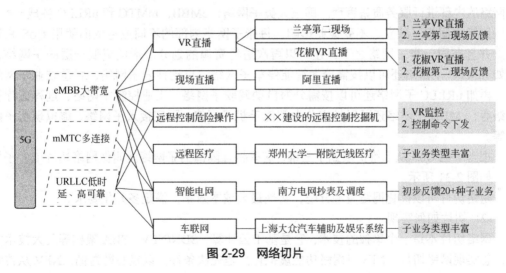

图 2-29　网络切片

（1）切片的由来

网络切片技术的提出源于 5G 开启了万物互联时代，其承载了大量需求各异的业务，如其标准定义的三大场景，关注点不同，如图 2-30 所示。

增强型移动宽带（eMBB）：需要关注峰值速率、容量、频谱效率、移动性、网络能效等这些指标，和传统的 3G 和 4G 类似。

海量机器通信（mMTC）：主要关注连接数和能耗，对下载速率、移动性等指标不太关心。

超高可靠超低时延通信（uRLLC）：主要关注高可靠性、移动性和超低时延，对连接数、峰值速率、容量、频谱效率、网络能效等指标都没有太大需求。

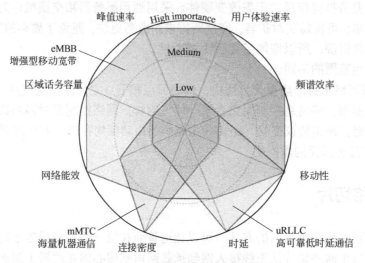

图 2-30　5G 的几大场景关注点不同

借助切片技术，5G 网络上切分出几张独立的子网络来支持 5G 的几大场景，这些子网络的无线、承载和核心网等资源都完全和其他网络隔离开来，而 QoS 依旧只局限在某一张子网络的内部进行服务质量管理。即三大类子网络：eMBB，mMTC 和 uRLLC 各成一类，这些网络之间相互独立、不受彼此影响，每张子网络内部的不同业务依旧使用 QoS 来管理。并且在同一类子网络之下，还可以再次进行资源的划分，形成更低一层的子网络，比如 mMTC 子网络还可以按需分为智能停车子网络、自动抄表子网络、智慧农业子网络等；再如 uRLLC 子网络还可以按需分为自动驾驶子网络、工业控制子网络、远程医疗子网络等；eMBB 子网络还可以按需分为智能手机子网络、固定接入子网络、虚拟现实子网络等。

相当于把 QoS 从二维扩展到了三维，这些相互隔离的子网络就叫做网络切片或者子切片，如图 2-31 所示。

网络切片可以优化网络资源分配，实现最大成本效率，满足多元化要求。

（2）切片如何实现

网络切片不是一个单独的技术，它是基于云计算、SDN/NFV、SBA 架构等几大技术实现，想实现网络切片，NFV（网络功能虚拟化）是先决条件。以核心网为例，NFV 从传统网元设备中分解出软硬件的部分，硬件由通用服务器统一部署，软件部分由不同的 NF（网络功能）承担，从而实现灵活组装业务的可能。

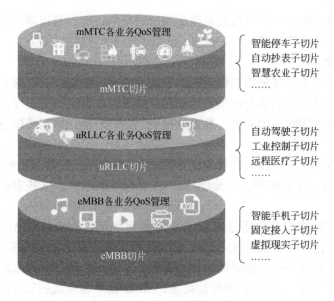

图 2-31　5G 的网络子切片

网络切片是端到端的逻辑子网，涉及核心网络（控制平面和用户平面）、无线接入网、IP 承载网和传送网，需要多领域的协同配合。不同切片承载不同网络服务，底层资源共享，部署在统一的底层物理设施上；不同切片承载的网络服务对网络功能的要求不同，切片之间的逻辑隔离可以方便实现网络功能定制，即通过网络切片达到功能定制效果，如图 2-32 所示；为不同的垂直行业提供个性化服务，即为不同企业提供差异化 SLA（服务等级协议，包括用户数、QoS、带宽等参数），例如不同的 QoS 级别，不同的安全级别等等，为特定的通信服务类型选择它所需要的虚拟和物理资源。所以切的逻辑概念其实就是资源重组。

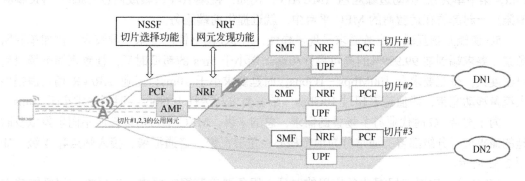

图 2-32　网络切片之间的逻辑隔离实现网络功能定制

2.4.4　边缘计算

MEC，称为移动边缘计算（Mobile Edge Computing），后来更名为多接入边缘计算（Multi-Access Edge Computing），其基本思想是把云计算平台从移动核心网络内部迁移到移动接入网边缘，实现计算及存储资源的弹性利用。即将应用、内容、核心网的部分业务处理、资源调度等功能，一同下沉靠近终端用户的网络边缘，靠近用户位置部署，并为其提供所需的服务和云计算功能。

（1）MEC 驱动力

传统的云计算模式将数据传输到远端的云计算中心，数据经过处理和分析后的结果再传输回用户端。云计算中心具有较强的计算和存储能力，但是一方面海量数据的传输需要很大的带宽，挑战传输网络的能力，易造成拥塞，另一方面，数据传输造成的时延也非常大，会极大降低用户的体验。

从业务驱动角度分析，5G 时代各类垂直行业有大量高带宽、低时延的新业务，如 4K/8K 视频/AR/VR、V2X、工业控制、智能制造、IoT、智慧城市等，这些业务将驱动业务部署和处理边缘化。

从运营商自身网络建设角度分析，5G 时代的网络建设趋势是网络控制面和用户面分离，网络架构扁平化，例如核心网之 UPF 下沉到无线侧边缘，分布式部署，解决传统烟囱式网络架构单一业务流向造成的传输与核心网负荷过重、时延过大的瓶颈。

综合上述三个因素，MEC 技术应运而生。MEC 技术将传统的云计算能力下沉，让靠近用户的网络边缘提供计算、存储、网络、加速、人工智能以及大数据处理能力，同时为第三方服务应用提供开放的部署平台，最终实现节省回传带宽、降低业务时延的目的。

（2）MEC 的实现

在 5G 以前，核心网的控制面和用户面交织在一起，很难剥离。5G 核心网通过 SBA 架构，做到了控制面和用户面的彻底分离，控制面的功能由若干 NF 担当，用户面的功能由 UPF 独立担当，这意味着 UPF 就像是核心网的"自由人"，既可以与核心网控制面一起部署在核心机房，也可以部署在更靠近用户的无线接入网。

在 5G MEC 的解决方案中，将负责用户面功能的 UPF 下沉，和无线侧 CU（Centralized Unit，集中单元）、移动边缘应用（ME APP，例如：视频 APP、集成内容 Cache、VR 视频渲染）一起部署在运营商的 MEC 平台中，就近提供前端服务。

5G 使能万物互联，业务需求呈现多样性，对 5G 网络性能要求差异较大。例如车联网场景，要求端到端 99.999%的高可靠性和端到端小于 5ms 的超低时延；视频直播类场景用户密度大，带宽要求在 100Mbps ~ 1Gbps，时延要求小于 10ms；工业 AR/VR 场景需提供大流量移动宽带，峰值速率超过 10Gbps，带宽要求高达几十 Gbps，时延要求小于 20ms。

为了契合 5G 时代业务多场景的需求，总的来讲，MEC 平台可以按照不同场景以及时延的需求进行分级部署，通常分为地市核心、重要汇聚、普通汇聚、接入站点等 4 级，如图 2-33 所示。

MEC 平台部署应根据业务应用的时延、服务覆盖范围等要求，选择相应层级的数据中心。

（3）MEC 的功能

多址接入：MEC 作为统一的业务平台，用户可通过不同接入网络统一接入；

边缘部署：网络功能和相关应用下沉靠近用户侧，实现超低时延；

计算处理：视频的分析及编解码处理、VR/AR 渲染、AI 等计算能力；

节省带宽：实现流量本地处理和卸载，节省传输带宽。

（4）MEC 的典型应用场景

根据业务的诉求不同，MEC 的应用场景可以分成两大类。

第一类是面向 2B 的业务，比如像精密制造、工业控制、园内的视频监控和管理等，其典型的业务需求是数据不能出场、高可靠的工业组网、超高的上行带宽、超低时延、超强算力和专网管理等。

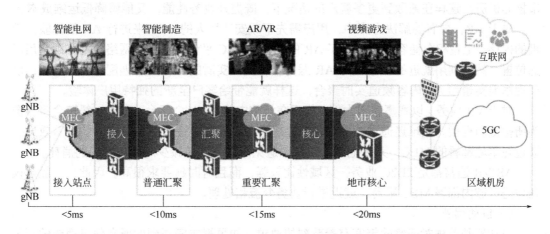

图 2-33　MEC 平台部署层次

第二类是面向 2B2C 的业务，主要是 OTT 应用服务商业务为主，比如车联网、AR/VR/云游戏等，这类业务的需求是广覆盖、有 QoS 保障的连接、边云密切协同和超高的移动性等。

下面分析几种典型的 5G 业务中 MEC 设备的功能需求及其可能的部署位置。

① 智慧工厂

该场景下 MEC 设备要解决的问题是：接入的设备多，而且大部分设备的数据是视频数据，数据量非常大，比如，安防机器人、做质量检测的机器视觉、人脸识别闸机、AR/VR 眼镜等；数据处理要求时延低，特别是机床操控；数据有隐私需求，需本地处理，不能出园区；有固定不动的设备，也有高速移动的设备。

针对以上场景，一般会考虑构建一个 5G 专网，支持大带宽、低时延特性，以满足大规模 AGV 组网调度的需求。除了支持 5G 连接，保证移动性设备的接入外，还要支持光纤接入和 WiFi 接入。MEC 平台上需要集成 AGV 视觉导航系统、工业数据采集、AR 远程专家指导、机器视觉质量检测等多种应用，实时地对接入的海量数据进行智能分析，以实现低时延的自动化控制。

智慧工厂场景中的 MEC 平台通常会就近与专网中的 5G 基站合设。

② 云游戏、AR/VR

业务共同点就是都需要极大的传输带宽，用于交互很多视频的内容，时延越低，用户的体验会越好；不同点在于时延要求有所不同，业务发生的场所不同，客户群也有所不同。

如果能够采用边缘计算技术，把计算和渲染的能力迁移到边缘云的位置，相比云计算来说，一方面能够大大降低时延，提升用户体验；另一方面，能大大降低对终端的性能要求，终端的重量、成本下降，能够向轻便型转变，这样客户的接受程度也会提升，促进产业发展。

对于云游戏，如果是在公有云的服务器上运行，服务器渲染完成后的游戏画面通过网络再传送给用户，玩家会直接感受到从指令输入到画面更新延迟较高，游戏体验差。如果将云游戏从公有云迁移到靠近玩家的边缘云，在本地进行渲染，缩短传输距离，时延能够降到 20ms 以内，显著提升用户体验，同时还能节省边缘云到 5G 核心网的回传带宽。

云游戏属于 2C 业务，而且对时延的要求不是太高，因此，MEC 服务器可以部署在地市核心机房，这样在兼顾到更多客户的情况下，既提升业务性能，又能够降低运维成本。

对于 AR，现有的解决方案中，用户需先下载安装巨大的 APP 来进行 AR 的体验，手机的内存、电量和存储容量也限制了 AR 的发展。MEC 平台能够通过网络数据来确定用户的位置，然后利用就近的、本地的 AR 服务器，提供实时的 AR 内容匹配计算和推送，以实现本地实景和 AR 内容频道实时聚合，这样就能带给客户全新的独特用户体验。

对于 VR 业务，以赛事直播为例，如果在场馆内部署 MEC 平台，在本地缓存全景摄像头所拍摄的视频，供球迷通过 VR 设备来快速回看，就能体验到在 VIP 位置的观看效果。通过在本地部署的 MEC，大大地降低时延以避免眩晕感，并减少对回传资源的消耗。

AR/VR 通常都是 2B2C 业务，区域性比较强，而且对时延要求很高。因此，一般建议在业务区域内部署 MEC 平台，就近进行业务分流和处理。

③ 自动驾驶

自动驾驶首先对网络的带宽有着苛刻的要求，如果把车辆遇到的所有信息都传输到云端处理，至少需要超过 100Mbit/s 才能满足要求；其次，车辆在高速行驶中，对于时延的要求也极高，必须保持在 1 ~ 10ms 之间。

要实现自动驾驶，有几个问题必须依靠边缘计算平台才能解决：

车辆、路侧单元与应用平台等之间交互时延过大，无法及时获取、处理以及决策信息，无法满足自动驾驶对网络实时性的需求。

车辆以及周边交通单元感知能力不足，无法对于超过视距范围事件准确感知和信息同步，无法全局掌握区域交通信息、运行范围及车路协同一体化受限。

汽车故障管理也是制约自动驾驶从实验室走向商用的重要因素之一，需要进行及时人工干预，预防事故发生，保障自动驾驶安全性等。

而 MEC 平台分布式特征则能够很好地解决海量数据处理、海量终端连接以及高速移动切换等问题。MEC 平台还能及时接受路侧单元上报的路侧信息，并推送至邻近的车辆，实现本地分流和无缝切换，保障更好地支持视线盲区的预警业务。另外，车载部分计算分析系统上移至 MEC 边缘云，能够有效降低智能车辆改造成本，提速无人驾驶商业化步伐，并预留开放接口，为所有车联网终端提供远程故障管理服务。

由于自动驾驶的复杂性，它对带宽、时延、移动性的要求都特别高，所以，针对自动驾驶来部署边缘计算设备时，也会相对复杂，考虑的因素比其他业务更多一些。

首先，MEC 平台应尽量靠近终端接入侧，一般会在路侧部署边缘计算节点，获取车辆周边的全面路况交通信息，并进行数据统一处理，对于有安全隐患的车辆发出警示信号，辅助车辆安全驾驶。

其次，要实施更全面的车辆控制和故障管理等功能，平台的功能和性能要求也会很高，路侧部署的边缘节点通常不能满足要求，此时，需要在基站侧再部署计算能力高的 MEC 服务器。

由于涉及高速移动,车载终端必须采用 5G 接入方式才能满足业务连续性的要求。3GPP针对这种场景也进行了专门的规定，在切换发生时，通过双连接的方式，以保证高速移动情况下业务的连续性。

④ 安防行业

由于国家一批大型项目的推动，安防是 AI 最早落地的领域。安防的 AI 化过程中，已经历了从云计算到云边协同的阶段，甚至已经在向边网融合的方向发展。现在很多的摄像头，包括家用的摄像头，都已经有人脸识别、语音识别和行为识别功能，这就是一种典型的边缘节点；而视频监控一体机、人脸识别盒子等，计算能力就更强一些，可以属于边缘云计算；云计算中心的应用平台的功能和性能更强大,通常都是具有超大运算能力的 GPU服务器。

安防和 MEC 的结合应用，其实更多是由于移动化的巡检设备的出现而需要考虑的，像巡检无人机等。如果要实时传输监控数据，这些设备所需的回传带宽要求也非常高。但是，在监控过程中，大部分画面其实是静止不动的，没有必要上传所有的数据，这时就可以通过就近部署 MEC 平台，对采集到的视频内容进行预分析处理，只上传有变化、有价值的画面，大部分价值不高的监控数据就存在本地的存储服务器中，这样就能够大大地节省传输资源。

思考与复习题

一、单选题

1. 5G 无线接入网称为 （   ）。
   A. EUTRAN   B. UTRAN   C. eNB   D. NG-RAN
2. NG-RAN 中 gNB 和 gNB 的接口名称为 （   ）。
   A. X2   B. F1   C. Xn   D. F2
3. 5GC 与 NR-RAN 的接口名称为 （   ）。
   A. NG   B. F1   C. Xn   D. F2
4. 下列哪项是 CU 和 DU 之间的接口 （   ）。
   A. F1   B. S1   C. Uu   D. NG
5. 下列哪项是 gNB 之间的接口 （   ）。
   A. F1   B. S1   C. Xn   D. NG
6. CU 与 DU 功能的切分按照以下哪一项进行区分 （   ）。
   A.灵活组网   B.带宽   C.实时性   D.协议栈
7. CU/DU 合一情况下，数据传输不包括 （   ）。
   A.中传   B.前传   C.回传   D.远传
8. gNB 没有下列哪些功能 （   ）。
   A.无线资源管理   B.连接性管理   C.无线承载控制   D.接入鉴权

9. 5G 系统不包含以下哪些网元（　　　　）。

    A. AMF   B. SMF   C. MME   D. UDM

10. 以下哪项属于 AMF 的功能（　　　　）。

    A.用户面管理功能   B.接入和移动管理功能

    C.非实时的无线高层协议栈   D.实时性需求

11. 以下哪项属于 UPF 的功能（　　　　）。

    A.用户面管理功能   B.接入和移动管理功能

    C.非实时的无线高层协议栈   D.实时性需求

12. NR 核心网中用于会话管理的模块是（　　　　）。

    A. AMF   B. SMF   C. UDM   D. PCF

13. 以下不属于 SMF 网元功能的是（　　　　）。

    A. UE IP 地址的分配和管理   B.用户签约信息的管理

    C.PDU 会话控制   D. UPF 功能的选择和控制

二、多选题

1. gNB 中 CU 和 DU 的接口，以下说法正确的是（　　　　）。

    A. F1-C 接口   B. F1-U 接口   C. Xn-C 接口   D. Xn-U 接口

2. gNG/ng-eNG 主要功能包括（　　　　）。

    A.无线资源管理   B. AMF 选择

    C.连接建立和释放   D.到 AMF 的控制面路由

3. 针对网络切片，说法正确的是（　　　　）。

    A.网络切片是一组网络功能及其资源的集合

    B.网络切片为不同业务场景提供所匹配的网络功能

    C.切片的资源隔离特性增强了整体网络健壮性和可靠性

    D.每个切片都可独立按照业务场景的需要和话务模型进行调整

4. MEC 解决方案案例中解决的企业问题包括（　　　　）。

    A.实现数据不出园区   B.业务低时延体验

    C.解决多路、大带宽接入问题   D.解决 Wi-Fi 可靠性差的问题

三、判断题

1. F1 是 CU 和 DU 之间的接口。（　　　）

2. F1 是 gNB 之间的接口。（　　　）

3. S1 是 gNB 和 5GC 之间的接口。（　　　）

4. 用户面管理功能属于 AMF 的功能。（　　　）

5. 5GC 中的网元 AMF 的功能等于 4G 的 MME。（　　　）

四、填空题

1. 通过虚拟化将一个物理网络分成多个虚拟的逻辑网络，每一个虚拟网络对应不同的应用场景，这就叫（　　）。

2. NR 各基站通过（　　）接口交换数据，实现切换等功能。

五、简答题

1. 请简述 CU 和 DU 的功能。

2. 请简述 Cloud-RAN 方案优点。

3. 5G 核心网主要节点及其功能是什么?

4. 简述 MEC 的典型应用场景。

第 3 章

5G 空中接口

3.1

5G NR 无线帧结构

5G NR 无线帧结构如图 3-1 所示。5G NR 中定义的无线帧时域长度与 4G 同为 10ms，包含了 10 个长度为 1ms 的子帧，每个无线帧依然可划分为两个 5ms 半帧，第一个半帧包含子帧 0 ~ 子帧 4；第二个半帧包含子帧 5 ~ 子帧 9。

5G 的新空中接口称为 5G NR，从物理层来说，5G NR 相对于 4G 最大的特点是支持灵活的帧结构。5G NR 引入了 Numerology 的概念，Numerology 可翻译为参数集或配置集，意思指一套参数，包括子载波间隔、符号长度、CP（循环前缀）长度等，这些参数共同定义了 5G NR 的帧结构。5G NR 帧结构由固定架构和灵活架构两部分组成。

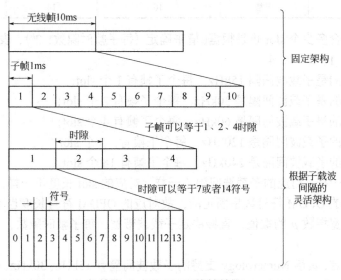

图 3-1　5G NR 无线帧结构

（1）无线帧结构固定架构部分

在固定架构部分，5G NR 的一个物理帧长度是 10 ms，由 10 个子帧组成，每个子帧长度为 1 ms，一个时隙所包含的 OFDM 符号数为 14 个（normal cp）。每个帧被分成两个半帧，每个半帧包括五个子帧，子帧 1 ~ 5 组成半帧 0，子帧 6 ~ 10 组成半帧 1。

5G 无线帧的结构层次、帧长、半帧长、子帧长、一个时隙所包含的 OFDM 符号数和4G 基本一致。

（2）无线帧结构灵活架构部分

在灵活架构部分，5G NR 的帧结构与 4G 有明显的不同。5G 引入了 Numerology 的概念，这个概念可翻译为参数集 "μ"，参数集 "μ" 的取值决定了子载波间隔、每子帧时隙数、符号长度、循环前缀长度、TTI 长度和系统带宽。

5G 采用多个不同的载波间隔类型，采用"μ"这个参数来表述载波间隔。5G NR 定义的最基本的子载波间隔也是 15kHz，但可灵活扩展子载波间隔为 $2^\mu \times 15$kHz，$\mu \in \{-2,0,1,\cdots,5\}$，也就是说子载波间隔可以设为 3.75kHz、7.5kHz、15kHz、30kHz、60kHz、120kHz、240kHz 等，这一点与 4G 有着根本性的不同，4G 只有单一的 15kHz 子载波间隔（$\mu=0$ 5G 子载波间隔为 15kHz，与 4G 系统子载波间隔相同）。

表 3-1 列出了 NR 支持的五种典型子载波间隔，表中的符号 μ 也被称为子载波带宽指数。

表 3-1　NR 支持的五种子载波间隔

μ	子载波宽度 $2^\mu \times 15$kHz	循环前缀 CP	每子帧时隙数：2^μ	每时隙符号数	每帧时隙数：$2^\mu \times 10$
0	15	正常	1	14	10
1	30	正常	2	14	20
2	60	正常、扩展	4	14/12	40
3	120	正常	8	14	80
4	240	正常	16	14	160

每个子帧包含多少个 slot 也是根据 μ 值来确定（每子帧时隙数：2^μ），表 3-1 中 μ 取值有 5 个，分别为 0、1、2、3、4：

其中 0 对应的是子载波间隔 15kHz，每个子帧有 1 个 slot；

其中 1 对应的是子载波间隔是 30kHz，每个子帧有 2 个 slot；

其中 2 对应的是子载波间隔是 60kHz，每个子帧有 4 个 slot；

其中 3 对应的是子载波间隔是 120kHz，每个子帧有，8 个 slot；

其中 4 对应的是子载波间隔是 240kHz，每个子帧有 16 个 slot。

因为 μ 值不一样，对应的子载波间隔不一样，对应的 slot 长度不一样，而子帧的长度、一个时隙所包含的 OFDM 符号数是固定的，故对应的 OFDM 符号长度也不一样。

故子载波带宽指数 μ 的取值，直接决定子载波带宽、每子帧时隙数；间接决定每帧时隙数、符号长度。

根据协议规定，灵活 Numerology 支持的子载波间隔有 15kHz、30kHz、60kHz、120kHz、240kHz，其中 240kHz 子载波间隔只用于下行同步信号的发送。不同子载波间隔对应的帧结构不同。

5G 帧结构的灵活性适应 5G 业务的多样性；而无线帧和子帧的长度与 4G 相同，则保证了 5G、4G 的共存。

3.1.1　不同子载波间隔对应的不同帧结构

（1）不同子载波间隔对应的帧结构

① 正常 CP（子载波间隔=15kHz）

如图 3-2 所示，在这个配置中，一个子帧仅有 1 个时隙，所以无线帧包含 10 个时隙，一个时隙长度为 1ms，一个时隙包含的 OFDM 符号数为 14。

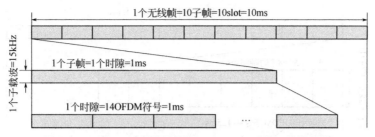

图 3-2　正常 CP（子载波间隔=15kHz）时的无线帧结构

② 正常 CP（子载波间隔=30kHz）

如图 3-3 所示，在这个配置中，一个子帧有 2 个时隙，所以无线帧包含 20 个时隙，一个时隙长度为 0.5ms，1 个时隙包含的 OFDM 符号数为 14。

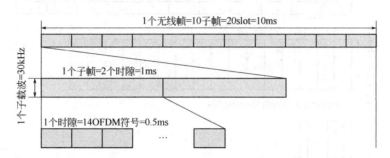

图 3-3　正常 CP（子载波间隔=30kHz）时的无线帧结构

③ 正常 CP（子载波间隔=60kHz）

如图 3-4 所示，在这个配置中，一个子帧有 4 个时隙，所以无线帧包含 40 个时隙，一个时隙长度为 0.25ms，1 个时隙包含的 OFDM 符号数为 14。

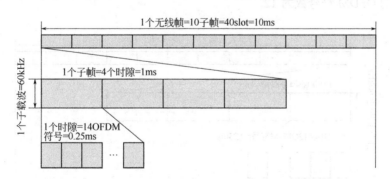

图 3-4　正常 CP（子载波间隔=60kHz）时的无线帧结构

④ 正常 CP（子载波间隔=120kHz）

如图 3-5 所示，在这个配置中，一个子帧有 8 个时隙，所以无线帧包含 80 个时隙，一个时隙长度为 0.125ms，1 个时隙包含的 OFDM 符号数为 14。

⑤ 正常 CP（子载波间隔=240kHz）

如图 3-6 所示，在这个配置中，一个子帧有 16 个时隙，所以无线帧包含 160 个时隙，一个时隙长度为 0.0625ms，1 个时隙包含的 OFDM 符号数为 14。

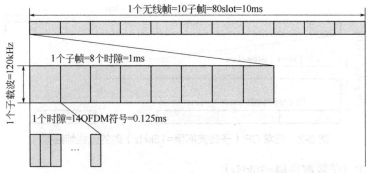

图 3-5　正常 CP（子载波间隔=120kHz）时的无线帧结构

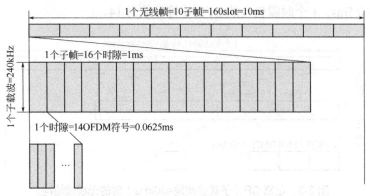

图 3-6　正常 CP（子载波间隔=240 kHz）时的无线帧结构

⑥ 扩展 CP（子载波间隔=60kHz）

如图 3-7 所示，在这个配置中，一个子帧有 4 个时隙，所以无线帧包含 40 个时隙。1 个时隙包含的 OFDM 符号数为 12。

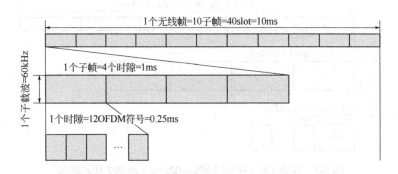

图 3-7　扩展 CP（子载波间隔=60kHz）时的无线帧结构

（2）帧结构小结

① 虽然 5G NR 支持多种子载波间隔，但是不同子载波间隔配置下，无线帧和子帧的长度是相同的。无线帧长度为 10ms，子帧长度为 1 ms。

② 不同子载波间隔配置下，无线帧的结构有所不同，即每个子帧中包含的时隙数不同。

③ 子载波间隔越大，每个子帧中包含的时隙数目越多，因此，对应的时隙长度和单个

符号长度会越短。

④ 在正常 CP 情况下，每个时隙包含的符号数相同，且都为 14 个；在扩展 CP 情况下，1 个时隙包含的 OFDM 符号数为 12。

（3）灵活 Numerology 应用场景

时延场景：不同时延需求业务，可以采用不同的子载波间隔。子载波间隔越大，对应的时隙事件长度越短，可以缩短系统的时延。

移动场景：不同的移动速率，产生的多普勒频偏不同，更高的移动速度产生更大的多普勒频偏。通过增大子载波间隔，可以提升系统对频偏的鲁棒性。

覆盖场景：子载波间隔越小，对应的 CP 长度就越大，支持的小区覆盖半径也就越大。

（4）5G NR 与 4G 帧结构对比

相同点：

时间单位都从长到短依次分为：无线帧（基本的数据发送周期 10ms）、子帧（上下行子帧的分配单位 1ms）、时隙（数据调度和同步的最小单位）、符号（调制的单位）。

无线帧和子帧的长度固定，与 4G 相同（保证了 4G 与 NR 间更好的共存）。

每个时隙的 OFDM 数目固定为 14（正常 CP）和 12（扩展 CP）。

不同点：

5GNR 定义了灵活的子架构，一个子帧或无线帧中，时隙的数量可变，即时隙数量和 OFDM 符号长度可以根据子载波间隔灵活定义，随着μ取值变化。

3.1.2　5G NR Slot 格式

3GPP 技术规范 38.211 规定了 5G 时隙的各种符号组成结构。表 3-2 列举了格式 0～15 的时隙结构，时隙中的符号被分为三类：下行符号（标记为 D，用于下行传输）、上行符号（标记为 U，用于上行传输）和灵活符号（标记为 X，可用于下行传输、上行传输、GP 或作为预留资源）。

表 3-2　格式 0～15 的时隙结构

D: 下行；U: 上行；X: 灵活

格式	一个时隙的符号数量													
	0	1	2	3	4	5	6	7	8	9	10	11	12	13
0	D	D	D	D	D	D	D	D	D	D	D	D	D	D
1	U	U	U	U	U	U	U	U	U	U	U	U	U	U
2	X	X	X	X	X	X	X	X	X	X	X	X	X	X
3	D	D	D	D	D	D	D	D	D	D	D	D	D	X
4	D	D	D	D	D	D	D	D	D	D	D	D	X	X
5	D	D	D	D	D	D	D	D	D	D	D	X	X	X
6	D	D	D	D	D	D	D	D	D	D	X	X	X	X

格式	一个时隙的符号数量													
	0	1	2	3	4	5	6	7	8	9	10	11	12	13
7	D	D	D	D	D	D	D	D	D	X	X	X	X	X
8	X	X	X	X	X	X	X	X	X	X	X	X	X	U
9	X	X	X	X	X	X	X	X	X	X	X	X	U	U
10	X	U	U	U	U	U	U	U	U	U	U	U	U	U
11	X	X	U	U	U	U	U	U	U	U	U	U	U	U
12	X	X	X	U	U	U	U	U	U	U	U	U	U	U
13	X	X	X	X	U	U	U	U	U	U	U	U	U	U
14	X	X	X	X	X	U	U	U	U	U	U	U	U	U
15	X	X	X	X	X	X	U	U	U	U	U	U	U	U

表中列举了 15 种 Slot 类型:

Type 0: 全下行, DL-only slot, 12/14 个符号每个符号都用于下行;

Type 1: 全上行, UL-only slot, 12/14 个符号每个符号都用于上行;

Type 2: 全灵活资源, Flexible-only slot, 每个符号灵活多变;

剩余类型: 至少一个上行或下行符号, 其余灵活配置, 有多种配置。

(1) 5G Slot 格式设计特点

① 多样性: NR 中 Slot 类型更多, 支持更多的场景和业务类型。

② 灵活性: NR 中引入了灵活时隙的概念, 可以针对不同的 UE 进行动态调整, 可以调整到符号级别。

③ 自包含时隙: 同一时隙内包含 DL、UL 和 GP。自包含时隙设计目标在于更快的下行 HARQ 反馈和上行数据调度: 降低 RTT 时延; 更小的 SRS 发送周期: 跟踪信道快速变化, 提升 MIMO 性能。分为下行和上行两种, 下行自包含时隙, 包含对 DL 数据和相应的 HARQ 反馈; 上行自包含时隙, 包含对 UL 的调度信息和 UL 数据。

(2) 5G 上下行配比与 4G 的不同

在上下行配置上, 5G 与 4G 有很大的不同。

4G 中, 上下行的设置, 以子帧作为单位的, 包括上行子帧、下行子帧和特殊子帧。

但是 5G 中, 上下行的配置, 变为了以符号作为单位, 上下行的转换间隔大大缩短。

3.1.3 eMBB 场景典型的帧结构配置

5G NR 中定义的无线帧时域长度与 4G 相同为 10ms, 包含了 10 个长度为 1ms 的子帧。在帧与子帧之间, 还有一个时间单位叫做半帧。每个无线帧依然可划分为两个 5ms 半帧, 第一个半帧包含子帧 0 ~ 子帧 4; 第二个半帧包含子帧 5 ~ 子帧 9。

eMBB 场景, 按照 30kHz 子载波间隔 (1 个子帧两个时隙), 提出了 5 种典型的帧结构配置。5 种配置方案分别命名为 Option 1 ~ Option 5。

（1）eMBB 场景 5 种典型的帧结构配置

① Option 1 的帧结构：2.5ms 双周期帧结构（见图 3-8）

2.5ms 双周期帧结构，每 5ms 里面包含 5 个全下行时隙，三个全上行时隙和两个特殊时隙：DDDSUDDSUU。Slot3 和 Slot7 为特殊时隙，配比为 10：2：2（可调整）。

pattern 周期为 2.5ms，存在连续 2 个 UL slot，可发送长 PRACH 格式，有利于提升上行覆盖能力。推荐将 GP 长度扩展到 4 个，那么就出现 GP 跨子帧的情况。

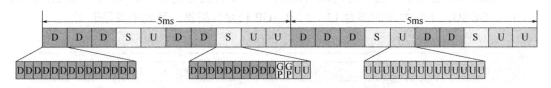

图 3-8　Option 1 的帧结构：2.5ms 双周期帧结构

② Option 2 的帧结构：2.5ms 单周期帧结构（见图 3-9）

每 2.5ms 里面包含 3 个全下行时隙，一个全上行时隙和一个特殊时隙：DDDSU。特殊时隙配比为 10：2：2（可调整）。

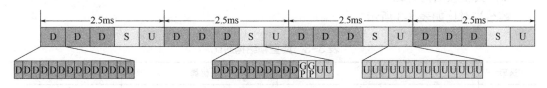

图 3-9　Option 2 的帧结构：2.5ms 单周期帧结构

pattern 周期为 2.5ms，1 个 UL slot，下行有更多的 slot，有利于下行吞吐量。

③ Option 3 的帧结构：2ms 单周期（见图 3-10）

每 2ms 里面包含 2 个全下行时隙，一个上行为主时隙和一个特殊时隙：DSDU。特殊时隙配比为 10：2：2（可调整）。上行为主时隙配比为 1：2：11（GP 长度可调整）。

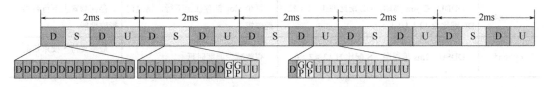

图 3-10　Option 3 的帧结构：2ms 单周期帧结构

pattern 周期为 2ms，1 个 UL slot，有效减少时延。转换点增多。

④ Option 4 的帧结构：2.5ms 单周期（见图 3-11）

每 2.5ms 里面包含 5 个双向时隙，其中 4 个下行为主时隙、1 个上行为主时隙：DDDU。上行为主时隙配比为 1：1：12（DL 符号：GP：UL 符号）。下行为主时隙配比为 12：1：1（DL 符号：GP：UL 符号）。

pattern 周期为 2.5ms，存在频繁上下行转换，影响性能。

⑤ Option 5 的帧结构：2ms 单周期（见图 3-12）

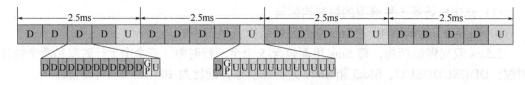

图 3-11　Option 4 的帧结构：2.5ms 单周期帧结构

每 2ms 里面包含 2 个全下行时隙（DL），1 个下行为主时隙（S）和 1 个全上行时隙（UL）：DDSU。下行为主时隙为 12：2：0（GP 长度可配置，且大于或等于 2）。

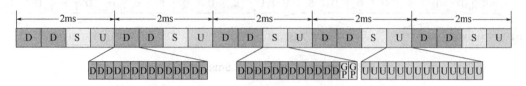

图 3-12　Option 5 的帧结构：2ms 单周期帧结构

pattern 周期为 2ms，周期较短，有利于降低时延。

（2）典型帧结构对比

帧结构对比如表 3-3 所示。

表 3-3　典型帧结构对比

选项	属性	优势	劣势
option1	DDDSUDDSUU，2.5ms 双周期，S 配比为 10：2：2（可调整）	上下行时隙配比均衡，可配置长 PRACH 格式	双周期实现较复杂
option2	DDDSU，2.5ms 单周期，S 配比为 10：2：2（可调整）	下行有更多的 slot，有利于下行吞吐量，单周期实现简单	无法配置长 PRACH 格式
option3	DSDU，2ms 周期，S 配比为 10：2：2（可调整）。U 配比为 1：2：11（GP 长度可调整）	有效减少时延	转换点增多
option4	DDDU，2.5ms 周期，UL 配比为 1：1：12，DL 配比为 12：1：1	每个 slot 都存在上下行，调度时延缩短	存在频繁上下行转换，影响性能
option5	DDSU，2ms 单周期，S 配比为 12：2：0	有效减少调度时延	最多支持 5 波束扫描，无法配置长 PRACH 格式

3.1.4　5G NR 的时频资源

NR 的时频资源包括频域资源和时域资源。时间域源指的是帧/半帧/子帧/时隙/符号，频域资源指的是工作频段/频道/子载波。子帧时隙时频资源结构如图 3-13 所示。

时域资源上一节已介绍，这一节主要介绍频域资源。

（1）频域资源的基本概念

① RE（资源粒子）

RE（资源粒子）：物理层最小粒度的资源，一个 OFDM 符号上的一个子载波（子载波

间隔配置 μ，对应的子载波间隔为 $2^{\mu} \times 15\text{kHz}$），对应的时频单元叫做资源单元 RE。

RE 的时域：1 个 OFDM 符号；

RE 的频域：1 个子载波。

② RB（资源块）

RB（资源块）：数据信道资源分配的频域基本调度单位，频域上连续的 12 个子载波对应的时频单元为一个资源块 RB。

RB 的频域：12 个连续子载波；

时域：NR 中 RB 没有时域的概念，只有频域的概念。

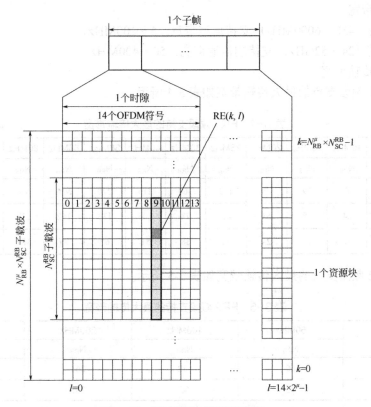

图 3-13　子帧时隙时频资源结构

③ RG：Resource Grid

物理层资源组，上下行分别定义（每个 Numerology 都有对应的 RG 定义）。频域上为传输带宽内可用的 RB 资源个数，时域上为 1 个子帧。

（2）频域基本的调度单位

① 数据信道基本调度单位：PRB/RBG

PRB（Physical RB）：物理资源块。频域上 12 个子载波。

RBG（Resource Block Group）：物理资源块的集合。频域上其大小和 BWP 内 RB 数有关。

② 控制信道基本调度单位：CCE

REG（RE Group）：控制信道资源分配基本组成单位。

频域上：1REG=1PRB（12 个子载波）

时域上：1 个 OFDM 符号

CCE（Control Channel Element）：控制信道资源分配基本调度单位。

频域：1CCE = 6REG = 6PRB

支持 CCE 聚合等级：1，2，4，8，16。也就是说用于 PDCCH 的资源数是可选的，对于远点的用户来说，CCE 个数多，对应资源就多，数据传输的速率就低，解调性能会更好。

（3）信道带宽和最大传输带宽

① 信道带宽

FR1 频段（450 ~ 6000MHz）支持信道带宽：5 ~ 100MHz。

FR2 频段（24 ~ 52GHz）支持的信道带宽：50 ~ 400MHz。

② 最大传输带宽

对于 FR1 频段支持的最大传输带宽如表 3-4 所示。

表 3-4　FR1 频段支持的最大传输带宽

| SCS/kHz | 5MHz | 10MHz | 15MHz | 20MHz | 25MHz | 30MHz | 40MHz | 50MHz | 60MHz | 80MHz | 90MHz | 100MHz |
	N_{RB}	N_{RB}	N_{RB}	N_{RB}	N_{RB}	N_{RB}	N_{RB}	N_{RB}	N_{RB}	N_{RB}	N_{RB}	N_{RB}
15	25	52	79	106	133	160	216	270	N/A	N/A	N/A	N/A
30	11	24	38	51	65	78	106	133	162	217	245	273
60	N/A	11	18	24	31	38	51	65	79	107	121	135

对于 FR2 频段支持的最大传输带宽如表 3-5 所示。

表 3-5　FR2 频段支持的最大传输带宽

| SCS/kHz | 50MHz | 100MHz | 200MHz | 400MHz |
	N_{RB}	N_{RB}	N_{RB}	N_{RB}
60	66	132	264	N.A
120	32	66	132	264

3.1.5　5G 峰值速率计算

（1）5G 下行理论峰值速率的粗略计算

计算 273PRB（100MHz）带宽 NR 系统使用 256QAM，2.5ms 单周期 DDDSU，S 时隙 10:2:2 配置时下行 4 流峰值速率，不考虑 SSB 和 CSI-RS 的开销，PDCCH 和 DMRS 按照最小配置，PDSCH 不能占用 PDCCH 或 DMRS 符号，但可以使用 SSB 所在时隙。

以目前 5G sub 6GHz 频段为例，据 3GPP TS 38.101-1 协议，最多传输的 PRB 数目如表 3-4 所示。

其中，系统带宽 100M，子载波间隔 30kHz 的 5G 系统，最多传输的 PRB 数目为 273。

以 30kHz 的子载波间隔为例，循环前缀的类型是 Nomal CP。据帧结构可知，30kHz

的子载波时，每个子帧 2 个时隙，则每个 slot 占用的时间是 0.5ms，每个 slot 的符号是 14。

考虑到部分资源需要用于发送参考信号和下行控制，如 PDCCH 和 DMRS 按最小进行配置且 "PDSCH 不能占用 PDCCH 或 DMRS 符号"，则 PDCCH 和 DMRS 每个 slot 占用 1 个符号。当然，实际网络的开销计算更为复杂，此处不做过多介绍。

传输选择常见的帧结构配置中的 2.5ms 单周期，结构参考图 3-9，每 2.5ms 里面包含 3 个全下行时隙，一个全上行时隙和一个特殊时隙：DDDSU。特殊时隙配比为 10:2:2（可调整）。

由 2.5ms 单周期结构可知，在特殊时隙配比为 10:2:2 的情况下，2.5ms 内有（14-1-1）×3+（10-1-1）× 1=44 个符号用作下行传输数据，100MHz 带宽有 273 个 PRB，每个 PRB 有 12 个子载波，2.5ms 内每个子载波可传递 44 个符号，所以 100MHz 带宽下每 2.5ms 单周期内，都有 44×12×273=144144 个符号可以传输下行数据。

峰值速率计算调制方式自然要使用最大调制方式，即 256QAM（一个符号 8bit），其效率为每个 RE 传输 7.4063 个 bit 的数据（略小于 8），当前采用 4 流传输，所以，最终的峰值速率计算为：

$$(144144×7.4063×4×1000)/(1024×1024×2.5)=1628.9882Mbps=1.59Gbps$$

（2）5G 上行理论峰值速率的粗略计算

上行基本配置，2 流，64QAM（一个符号 6bit），帧结构为 5ms 单周期

由 5ms 单周期帧结构可知，结构查协议为 DDDDDDDSUU，在特殊子帧时隙配比为 6:4:4 的情况下，5ms 内有（2+4/14）个上行 slot，则每毫秒的上行 slot 数目约为 0.457/个。

上行理论峰值速率的粗略计算：

273RB×12 子载波×11 符号（14 个符号扣除开销后剩余）× 0.457/ms×6bit（64QAM）× 2 流=198Mbps

（3）5G 能支持 4K/8K 超高清视频

4K 分辨率与 8K 分辨率的视频被定义为超高清视频，主要是通过高分辨率、高帧率、高色彩深度（色彩深度表示储存 1 像素的颜色所用的位数，比如色深 10bit，指的是红、绿、蓝这三原色，在显示颜色时各有 2^{10} 种）、宽色域、高动态范围及三维声六个维度的技术提升，为用户带来更具感染力及沉浸感的体验。

高清视频（也叫做 1080P 视频，横向有 1920 个像素点，纵向 1080 个像素点）每帧图像的分辨率是 200 万像素（1920×1080=2073600≈200 万）；4K 超高清视频（横向有 4000 个像素点，纵向 2160 个像素点），每帧图像的分辨率约 800 万像素（4096×2160=8847360≈800 万）；而 8K 超高清视频每帧图像的分辨率为 7680×4320 像素，高达 3300 万，是高清视频的 16 倍。巨大的像素量在给用户带来极致体验的同时，也为网络带来了挑战。

4K 超高清视频至少需要 60 帧/秒的帧率，那么一秒钟的 4K 超高清视频的数据量=每帧像素×色彩深度×帧率=3840×2160×10×3×60=1.74GB，每个像素点用 8bit 表示的话，4K 超高清视频至少需要 14Gbps 的传输带宽，占用太多带宽，一般需要压缩，在常用的 H.265 编码方式下压缩比可达 200～300 倍，4K 超高清视频需要 47～70Mbps 的传输带宽，8K 超高清视频需要约 135Mbps 的传输带宽。

5G 的下行峰速最高可达 20Gbps，体验速率可达 100Mbps～1Gbps，可见 5G 网络具备 4K 及 8K 超高清视频的良好承载能力。

3.2

5G NR 物理信道和信号

3.2.1 5G NR 物理信道

物理信道是物理层用于传输信息的通道，可以分为上行信道和下行信道。在生活中通常基站处于较高位置，挂在抱杆上，而用户处于较低的位置，所以由用户端向基站发送信息的通道被称为上行信道，而由基站向用户端发送信息的通道被称为下行信道。5G 中的上行物理信道和 4G 相比并没有发生改变，上下行各有 3 种信道，如表 3-6 所示。

表 3-6 5G NR 物理信道

	物理信道	描述	对比 4G
上行	PUSCH	Physical Uplink Shared Channel	PUSCH
	PUCCH	Physical Uplink Control Channel	PUCCH
	PRACH	Physical Random Access Channel	PRACH
下行	PDSCH	Physical Downlink Shared Channel	PDSCH
	PBCH	Physical Broadcast Channel	PBCH
	PDCCH	Physical Downlink Control Channel	PDCCH

① Uplink（上行）

PUCCH（上行物理控制信道）：用于承载上行控制信息，包括 ACK/NACK、信道质量指示（CQI）、大规模多入多出（Massive MIMO）回馈信息以及调度请求信息等。PUCCH 是在没有数据需要发送的情况下发送的，不同带宽和网络负荷、用户数以及复用系数的情况下，需要配置的 PUCCH 数目有所区别。

PUSCH（上行共享信道）：用于承载上行业务数据。上行资源只能选择连续的 PRB，并且 PRB 个数满足 2、3、5 的倍数。在 RE 映射时，PUSCH 映射到子帧中的数据区域上。

PRACH（物理接入信道）：用于承载随机接入前导序列的发送，基站通过对序列的检测以及后续信令交流，建立起上行同步。

② Downlink（下行）

PDCCH（下行物理控制信道）：Physical downlink control channel，控制信道，用于承载下行控制消息，如传输格式、资源分配、上行调度许可、功率控制以及上行重传信息等。

PDSCH（下行物理共享信道）：Physical downlink shared channel，数据信道，用于承载下行用户数据和高层指令。

PBCH（物理广播信道）：Physical broadcast channel，用于以广播的形式传送系统信息块消息，包括主要无线指标，如帧号、子载波间隔、参考信号配置等。

3.2.2 5G NR 物理信号

5G 上下行物理信号如表 3-7 所示，是物理层使用的，但不承载任何来自高层信息的信号。对高层而言不可见，是有特定用途的一系列无线资源单元。

表 3-7 5G 上下行物理信号

上行物理信号	解调参考信号（Demodulation Reference Signals，DMRS）
	相位跟踪参考信号（Phase-Tracking Reference Signal，PT-RS） 高频使用降噪
	探测参考信号（Sounding Reference Signal，SRS）
下行物理信号	解调参考信号（Demodulation Reference Signal，DMRS）
	相位跟踪参考信号（Phase-Tracking Reference Signal，PT-RS） 高频使用降噪
	信道状态信息参考信号（Channel-State Information Reference Signal，CSI-RS）
	主同步信号（Primary Synchronization Signal，PSS）
	辅同步信号（Secondary Synchronization Signal，SSS）

（1）上行信号

DMRS：主要用于对应信道（PDSCH、PDCCH、PUCCH、PUSCH）的相干解调的信道估计。

PT-RS：主要功能是跟踪发送器和接收器的本地振荡器的相位，尤其在毫米波频率上起着至关重要的作用，以最大程度地减小振荡器相位噪声对系统性能的影响。与 LTE 上行物理信号相比，PTRS 是 NR 新增的功能，主要用于高频。

SRS 作为 UL 信号，UE 发送 SRS 以帮助 5G 基站（gNB）获得每个用户的上行信道状态信息（CSI），以辅助进行上行调度、上行功控等。

（2）下行信号

下行物理信号分为两种类型，即参考信号和同步信号。参考信号共三种：DM-RS、PT-RS 和 CSI-RS。其中前两个和上行物理信号的作用一致。同步信号包括主同步信号 PSS 和辅同步信号 SSS。

CSI-RS：用于测量信道状态信息 CSI（Channel State Information）的参考信号。CSI-RS 参考信号非常重要，在 5G 规划甚至在后续路测阶段中将该参考信号的 SINR（Signal to Interference plus Noise Ratio，信号与干扰加噪声比）值作为衡量覆盖的重要指标之一。具体地，基站以规定的周期在特定的时频资源上向移动台发送用于该移动台的 CSI-RS，以使得移动台根据该 CSI-RS 进行 CSI 测量并返回测量结果。用户终端中对信道的空间特性测量、对干扰测量以综合评估信道的信道质量，并且将上述信息以信道状态信息（CSI）的形式反馈给无线基站。

PSS/SSS：在小区内周期传送，其周期由网络进行配置。同步信号 PSS/SSS 用于 UE 搜索小区时使用，UE 通过检测 PSS 序列及 SSS 序列可以快速与基站做到符号定时同步，并通过计算得到物理小区标识 PCI。PSS 共 3 种序列，编号：0、1、2；SSS 共 336 种序列，编号：0~335；5G 的 PCI 共有 1008 个，PCI=SSS 编号*3+PSS 编号。故搜到了 PSS/SSS，也就知道了小区的物理小区标识 PCI。

PBCH、PSS 和 SSS 以 SS Block 的方式绑定发送；每次发送占用 4 个 OFDM 符号，PSS

和 SSS 各占一个符号，PBCH 占用两个符号，顺序为 PSS-PBCH-SSS-PBCH；PSS/SSS 的中心频率和 NR-PBCH 的中心频率对齐；SSB 的 20 个 PRB 的 5th ~ 16th PRB 用作传输 PSS 序列和 SSS 序列。PBCH、PSS 和 SSS 的映射如图 3-14 所示。

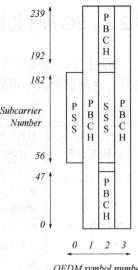

图 3-14　PBCH、PSS 和 SSS 的映射图

3.2.3　5G 手机开机信道使用流程

（1）NR 接入过程（见图 3-15）

NR 接入过程如下。

① UE 通过小区搜索过程选择合适小区进行驻留；

② UE 在 PRACH 信道发送随机接入前导码 MSG1；

③ UE 检测 PDCCH，获取调度信息，在 PDSCH 接收随机接入响应消息 MSG2；

④ UE 根据 MSG2 分配的上行资源，在 PUSCH 发送 RRC 请求 MSG3；

⑤ UE 检测 PDCCH，获取调度信息，在 PDSCH 接收 RRC 建立消息 MSG4；

⑥ UE 检测 PDCCH，获取调度信息，在 PUSCH 发送 RRC 建立完成消息。

（2）NR 下行数据传输过程（见图 3-16）

NR 下行数据传输过程如下。

① 在连接状态 UE 对 CSI-RS 进行测量并进行信道估计，将结果通过 PUCCH（或 PUSCH）进行上报；

② UE 检测 PDCCH，获取调度信息；

③ 在 PDSCH 接收下行数据；

④ UE 根据数据解码结果生成 HARQ 反馈，并通过 PUCCH（或 PUSCH）进行上报；

图 3-15　NR 接入过程图

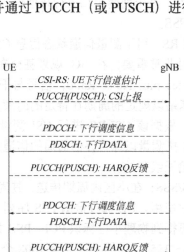

图 3-16　NR 下行数据传输过程图

⑤ UE 检测 PDCCH，获取调度信息；

⑥ 在 PDSCH 接收下行数据；

⑦ UE 根据数据解码结果生成 HARQ 反馈，并通过 PUCCH（或 PUSCH）进行上报。

（3）NR 上行数据传输过程（见图 3-17）

NR 上行数据传输过程如下。

① 在连接状态 UE 发送 SRS，gNB 对上行信道进行估计；

② UE 有数据要传送时在 PUCCH 发送调度请求（SR）请求上行资源；

③ gNB 在 PDCCH 发送调度信息为 UE 分配上行资源；

④ UE 在 PUSCH 发送上行数据，同时发送缓存状态报告（BSR）；

⑤ gNB 在 PDCCH 发送新的调度信息和接收数据的 HARQ 反馈；

⑥ UE 在 PUSCH 发送上行数据，同时发送缓存状态报告（BSR）。

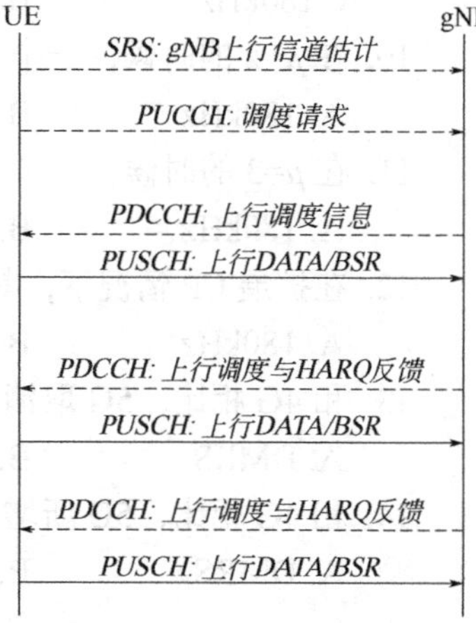

图 3-17　NR 上行数据传输过程图

思考与复习题

一、单选题

1. 当 5G 采用（　　）子载波间隔时，支持扩展的循环前缀 CP。

    A. 60kHz   B. 30kHz   C. 120kHz   D. 7.5kHz

2. 每个无线资源 RB 里面有（　　）子载波。

    A. 32   B. 48   C. 12   D. 24

3. 5G 物理层一个无线帧长度是（　　）。

    A. 1ms   B. 2ms   C. 5ms   D. 10ms

4. 以下哪项配置对应的是扩展的循环前缀（　　）。

    A. $\mu=2$ B. $\mu=1$ C. $\mu=0$ D. $\mu=3$

5. 在扩展 CP 情况下，其一个子帧包含（　　）时隙。

    A. 1   B. 2   C. 4   D. 8

6. 以下哪项是 2.5ms 单周期帧结构的时隙配比（　　）。

    A. D+D+S+U   B. D+D+D+S+U   C. D+D+S+U+U   D. D+S+U+T

7. 在 $\mu=0$ 的时候，一个 RB 是（　　）。

    A. 180kHz   B. 360kHz   C. 480kHz   D. 720kHz

8. 在 $\mu=0$ 的时候，一个 RB 是（　　）。

    A. 480kHz   B. 360kHz   C. 180kHz   D. 720kHz

9. 在 $\mu=1$ 的时候，一个 RB 是（　　）。

A. 180kHz　　　　B. 720kHz　　　　　　C. 480kHz　　　　D. 360kHz

10. 在 $\mu=2$ 的时候，一个 RB 是（　　）。

A. 180kHz　　　　B. 360kHz　　　　　　C. 480kHz　　　　D. 720kHz

11. 在 $\mu=3$ 的时候，一个 RB 是（　　）。

A. 180kHz　　　　B. 720kHz　　　　　　C. 480kHz　　　　D. 360kHz

12. 在扩展 CP 情况下，其一个 RB 长度是（　　）。

A. 180kHz　　　　B. 360kHz　　　　　　C. 480kHz　　　　D. 720kHz

13. 和 4G 相比，5G 取消了（　　）参考信号。

A. DMRS　　　　B. SRS　　　　　　　C. PT-RS　　　　D. CRS

14. 和 4G 相比，5G 新增了（　　）参考信号。

A. DMRS　　　　B. CRS　　　　　　　C. PT-RS　　　　D. SRS

二、多选题

1. 5G 有参数集（Numerology）概念，以下子载波间隔符合要求的是（　　）。

A. 30kHz　　　　B. 50kHz　　　　　C. 60kHz　　　　D. 90kHz

2. 以下针对 5G 帧结构描述正确的是（　　）。

A. 5G 一个无线帧长为 10ms

B. 5G 一个无线帧包含 10 个子帧，每个子帧 0.5ms

C. 5G 一个时隙在常规 CP 下有 14 个 OFDM 符号

D. 5G NR 中一个时隙的时长是可变的

3. 3GPP 为 NR 定义了两个频率范围，当使用 FR2 频率时，子载波间隔可以采用（　　）。

A. 60kHz　　　　B. 120kHz　　　　C. 240kHz　　　　D. 30kHz

4. 目前在 5G NR 所使用的三种主流帧结构（　　）。

A. 2ms 单周期　　B. 2.5ms 单周期　　C. 2.5ms 双周期　　D. 5ms 单周期

5. 5G slot 格式配置可以使调度更为灵活，一个时隙内的 OFDM 符号类型，可以被定义为（　　）。

A. 下行符号（D）　　　　　　　　B. 上行符号（U）

C. 灵活符号（X）　　　　　　　　D. 空白符号（X）

6. 在 5G 网络下使用（　　）子载波间隔支持数据传输。

A. 60kHz　　　　B. 120kHz　　　　C. 240kHz　　　　D. 30kHz

7. 5G 有参数集（Numerology）概念，以下子载波间隔符合要求的是（　　）。

A. 30kHz　　　　B. 50kHz　　　　C. 60kHz　　　　D. 90kHz

8. 在 FR1 情况下，子载波间隔 60kHz 的时候，支持（　　）M 带宽。

A. 5　　　　　B. 20　　　　　C. 50

D. 60　　　　　E. 80　　　　　F. 100

9. 在 FR2 情况下，子载波间隔 60kHz 的时候，支持（　　）M 带宽。

A. 5　　　　　B. 50　　　　　C. 20

D. 60   E. 80   F. 100

10. 在常规 CP 情况下，其一个 RB 长度是（   ）。

     A. 180kHz   B. 360kHz   C. 480kHz   D. 720kHz

11. 在常规 CP 情况下，其一个子帧包含（   ）时隙。

     A. 1   B. 2   C. 4   D. 8

12. CSI-RS 用于对信道状态进行估计，以便对 gNB 发送反馈报告，来辅助进行（   ）。

     A. MCS 选择   B. 波束赋形   C. 资源分配   D. 上行功控

13. 上行物理信道包括（   ）。

     A. PUCCH   B. PBCH   C. PUSCH   D. PRACH   E. PDCCH

14. 上行物理信号包括（   ）。

     A. DM-RS   B. PT-RS   C. SRS   D. PSS   E. SSS

15. 下行物理参考信号包括（   ）。

     A. DM-RS   B. PT-RS   C. SRS   D. PSS   E .SSS

16. 下行物理同步信号包括（   ）。

     A. DM-RS   B. PT-RS   C. SSS   D. PSS   E. SRS

17. 下行物理信道包括（   ）。

     A. PDCCH   B. PMCH   C. PHICH   D. PBCH   E. PDSCH

18. 下行物理信号包括（   ）。

     A. DM-RS   B. PT-RS   C. SRS   D. PSS   E. SSS

三、判断题

1. 5G，一个无线资源 RB 里面，频域包含 12 个子载波。（   ）

2. 5G，一个时隙里面包含 14 个 OFDM 符号。（   ）

3. 5G，一个子帧里面包含 2 个时隙，每个时隙包含 7 个 OFDM 符号。（   ）

4. 一个无线帧里面分为 10 个子帧，每个子帧长度 1ms。（   ）

5. 一个无线帧里面分为 10 个子帧，每个子帧包含 1 时隙。（   ）

6. 一个时隙里面的符号，可以同时有上行符号，下行符号。（   ）

四、填空题

1. 5G 子载波间隔最大是（   ）。

2. Numerology 由（   ）定义。

3. 4G 的子载波间隔是 15kHz，5G 在 FR2 的子载波间隔是（   ）。

4. $\mu=0$ 的时候，对应子载波间隔是（   ）kHz，每个子帧有（   ）个 slot。

5. $\mu=2$ 的时候，对应子载波间隔是（   ）kHz，每个子帧有（   ）个 slot。

6. $\mu=1$ 的时候，对应子载波间隔是（   ）kHz，每个子帧有（   ）个 slot。

7. $\mu=3$ 的时候，对应子载波间隔是（   ）kHz，每个子帧有（   ）个 slot。

8. 5G 定义了 2 个频率范围，分别是（　　　）。

9. RB（Resource Block），在频域连续的（　　　）个子载波。

10. SSB 在时域上占用（　　　），频域上占用（　　　）。

五、简答题

1. 简要描述 NR 中 Frame、subframe、slot、symbol 之间关系。

2. 请简述 5G 定义的 2 个频率范围以及支持的最大带宽和子载波间隔。

3. 请简述 5G 同步信号的功能。

4. 5G NR 上行物理信道有哪些？

5. 5G NR 上行参考信号有哪些？

6. 5G NR 下行物理信道有哪些？

7. 5G NR 下行参考信号有哪些？

第 **4** 章

5G 关键技术

4.1

5G 关键技术分类

（1）提升频谱效率、速率、容量的技术

频谱效率，即单位时间内每 Hz 中的 bit 数，单位 bit/s/Hz。4G 与 NR 频谱效率对比：4G 为 5bit/s/Hz；5G 为 50bit/s/Hz；4G 峰值速率为 1Gbps，5G 峰值速率为 20Gbps；大幅提升的频谱效率需要技术支撑。

提升频谱效率的技术如下。

大传输带宽：FR1 支持的最大传输带宽 100MHz，FR2 支持的最大传输带宽 400MHz，大的传输带宽是高速、大容量传输的基础。

新编码：LDPC & Polar；

新调制：256QAM；

天线技术：Massive MIMO；

多址技术；

全双工技术；

超密集组网；

高频段通信。

（2）降低时延的技术

4G，控制面时延要求 100ms，用户面单向时延 5ms；5G，控制面时延要求 10ms，1ms 的端到端时延。

在 5G 中用于降低时延的技术包括：

D2D 技术；

MEC 技术；

灵活的帧结构（尤其是自包含的帧结构）。

（3）覆盖增强技术

覆盖增强技术：上下行解耦；

天线技术：Massive MIMO。

（4）灵活的网络架构

5G 采用全新网络架构：NFV、网络切片、边缘计算、CU/DU 分离网络架构和云化技术、SON。

4.2

Massive MIMO

为提升系统容量和覆盖，编码技术、多天线技术是现代通信系统的主要手段。4G 已引入了多天线技术（MIMO），5G 则引入了大规模天线技术（Massive MIMO，也称为 Large Scale MIMO），旨在增强上行和下行覆盖，提升系统容量。

大规模天线技术 Massive MIMO 主要通过多端口空时编码技术，形成多个波束赋形，引入空间维度，对几十个目标接收机调制各自的波束，通过空间信号隔离，在同一频率资源上同时传输几十条信号，不同的波束同时为不同的用户服务，实现空间复用，这种对空间资源的充分挖掘，可以有效利用宝贵而稀缺的频带资源，并且成几十倍地提升网络容量。

（1）Massive MIMO 的特征参数

① 天线数

传统的移动通信网络的天线基本是 2 天线、4 天线或 8 天线，而 Massive MIMO 的通道数达到 64/128/256 个。

② 信号覆盖的维度

大规模多天线系统可以控制每一个天线单元的发射（或接收）信号的相位和信号幅度，产生具有指向性的波束，消除来自四面八方的干扰，增强波束方向的信号。

传统的 MIMO 称之为 2D-MIMO，以 8 天线为例，实际信号在做覆盖时，只能在水平方向移动，垂直方向是不动的；而 Massive MIMO 在信号水平维度空间基础上引入垂直维度进行空域利用，所以 Massive MIMO 也称为 3D-MIMO。

（2）Massive MIMO 的优点

① 高复用增益和分集增益

大规模 MIMO 系统的空间分辨率与传统的 MIMO 系统相比显著提高，它能深度挖掘空间维度资源，使得基站覆盖范围内的多个用户在同一时频资源上利用大规模 MIMO 提供的空间自由度与基站同时进行通信，提升频谱资源在多个用户之间的复用能力，从而在不需要增加基站密度和带宽的条件下大幅度提高频谱效率。

② 高能量效率

大规模 MIMO 系统可形成更窄的波束，集中辐射于更小的空间区域内，从而使基站与 UE 之间的射频传输链路上的能量效率更高，减少发射功率损耗，是构建未来高能效绿色宽带无线通信系统的重要技术。

③ 高空间分辨率

大规模 MIMO 系统具有更好的鲁棒性能。由于天线数目远大于 UE 数目，系统具有很高的空间自由度，系统具有很强的抗干扰能力。当基站天线数目趋于无穷时，加性高斯白噪声和瑞利衰落等负面影响全都可以忽略不计。

从数学原理上来讲，当小区的基站天线数目趋于无穷大时，加性高斯白噪声和瑞利衰落等负面影响全都可以忽略不计，数据传输速率能得到极大提高。

虽然理论上看，天线数量越多越好，系统容量也会成倍提升，但是要考虑系统实现的代价等因素，因此现阶段的天线最大也即256个。

（3）5G为什么要用Massive MIMO

5G虽然可以使用低于6GHz的低频频段，但是由于低频频段的资源有限，而5G对带宽的需求量又很大，因此大部分5G网络会部署在高频频段，即毫米波频段（mmWave）。

当使用高频频段（如毫米波频段）时，只能使用包括了很多天线的天线阵列。为什么在毫米波频段，只能使用多天线阵列呢？

据电波理想传播模型，当发射端的发射功率固定时，接收端的接收功率与波长的平方、发射天线增益和接收天线增益成正比，与发射天线和接收天线之间的距离的平方成反比。

$$P_R = P_T G_T G_R \left(\frac{\lambda}{4\pi d} \right)^2$$

在毫米波段，无线电波的波长是毫米数量级的，所以又被称作毫米波。而2G/3G/4G使用的无线电波是分米波或厘米波。由于接收功率与波长的平方成正比，因此与厘米波或者分米波相比，毫米波的信号衰减非常严重，导致接收天线收到的信号功率显著减少。

由于国家对天线功率有上限限制，发射功率不可随意增加；又因为移动用户随时可能改变位置，发射天线和接收天线之间的距离不可随意改变；唯一可行的解决方案是提高发射天线和接收天线的增益，但受制于材料和物理规律，也不可能无限提高一个阵元的增益，但是可以增加发射天线和接收天线的数量，即设计一个多天线阵列，使波束变窄来提升增益。

由于天线尺寸相对无线波长是固定的，比如1/2波长或者1/4波长，那么载波频率提高意味着天线变小。即在同样的空间里，可以容纳更多的高频段天线。基于此，毫米波频段就可以通过增加天线数量来补偿高频路径损耗，而又不会增加天线阵列的尺寸。

故可以说毫米波与大规模天线相辅相成。毫米波拥有丰富的带宽，但是衰减强烈，而大规模天线的波束成形正好补足了其短板。

多天线阵列的大部分发射能量聚集在一个非常窄的区域。而且使用的天线越多，波束宽度越窄，如图4-1所示。

并且根据概率统计学原理，当基站侧天线数远大于用户天线数时，基站到各个用户的信道将趋于正交，这种情况下，用户间干扰将趋于消失。巨大的阵列增益将能够有效提升每个用户的信噪比，从而利用空分多址技术，可以在同一时频资源上服务多个用户，即MU-MIMO，提高用户容量。

多天线阵列的不利之处在于，系统必须用非常复杂的算法来找到用户的准确位置，否则就不能精准地将波束对准这个用户。因此，波束管理和波束控制对Massive MIMO很重要。

（4）大规模天线阵列设计

阵子数是覆盖的一个重要因素，阵子数越多，波束就越窄，能量就更集中。

以64通道（64TRX）天线为例来说明大规模天线阵列设计的原则，有源天线阵列中的阵元分布，一般以1+1双极化振子为基本单位，垂直面1驱3，水平面1驱1，采用水平方向16个、垂直方向12个阵子的数量分布（共16×12=192），兼顾水平和垂直区分度（图4-2）。

3（垂直面1T阵子数）× 4T（垂直面TRX数）× 1（水平面1T阵子数）× 8T（水平面TRX数）× 2（双极化）= 192阵子。

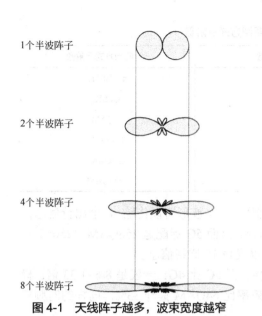

1个半波阵子

2个半波阵子

4个半波阵子

8个半波阵子

图 4-1　天线阵子越多，波束宽度越窄

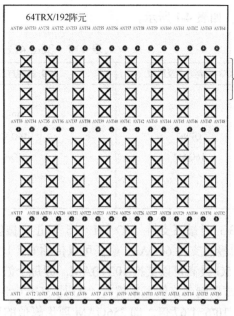

64TRX/192阵元

ANT49 ANT50 ANT51 ANT52 ANT53 ANT54 ANT55 ANT56 ANT57 ANT58 ANT59 ANT60 ANT61 ANT62 ANT63 ANT64

ANT33 ANT34 ANT35 ANT36 ANT37 ANT38 ANT39 ANT40 ANT41 ANT42 ANT43 ANT44 ANT45 ANT46 ANT47 ANT48

ANT17 ANT18 ANT19 ANT20 ANT21 ANT22 ANT23 ANT24 ANT25 ANT26 ANT27 ANT28 ANT29 ANT30 ANT31 ANT32

ANT1 ANT2 ANT3 ANT4 ANT5 ANT6 ANT7 ANT8 ANT9 ANT10 ANT11 ANT12 ANT13 ANT14 ANT15 ANT16

垂直面
3个阵
子组成
1TRX

图 4-2　64 通道（64TRX）天线阵子排列

　　采用 64 通道/192 天线，一个射频通道驱动在垂直方向三个相同极化方向的阵元，可获得 4.7dB 的阵元增益；在垂直方向组阵，可以更好利用天线阵在垂直方向的增益，提高垂直方向的波束扫描能力和空分复用能发挥大规模天线的技术优势。

　　传统 MIMO 只能在水平方向跟随目标 UE 调整方向；Massive MIMO 能提供三维波束，3D BF 窄波束在水平和垂直方向都能随着目标 UE 调整位置，通过测试得到：64T64R/192 阵子/垂直扫描 35 度以上。

　　5G 基站的大规模天线阵列，通过多用户 MIMO 技术，支持更多用户的空间复用传输，数倍提升 5G 系统频谱效率，用于在用户密集的高容量场景提升用户体验。大规模多天线系统还可以控制每一个天线通道的发射（或接收）信号的相位和幅度，从而产生具有指向性的波束，以增强波束方向的信号，补偿无线传播损耗，获得赋形增益，赋形增益可用于提升小区覆盖，如广域覆盖、深度覆盖、高楼覆盖等场景。

　　大规模天线产生的波束赋形波瓣更窄，能量更集中，有效减少对邻区干扰。没有采用波束赋形时，只能采用天线主瓣覆盖相对固定的区域，而大规模天线可以在水平和垂直方向上选择合适波束追踪用户，有效扩大无线基站的覆盖范围，有望解决无线基站塔下黑、高层信号弱和高层信号污染等问题。

4.3

高效调制 256QAM

　　从 3G 到 4G 再到 5G，可以说数据传输速率的提升重要原因之一就是调制阶数的一路攀升，如表 4-1 所示。

表 4-1　3G、4G、5G 调制方式及阶数

3G 调制方式及阶数	4G 调制方式及阶数	5G 调制方式及阶数
		π/2 BPSK
	QPSK	QPSK
QPSK	16QAM	16QAM
16QAM	64QAM	64QAM
		256QAM
		1024QAM

3G 时最高支持 16QAM（16 阶正交振幅调制），一个波形可以传输 4 个比特信息；4G 时最高支持 64QAM，最多可以传输 6 个比特（$64=2^6$）；而 5G 标配是 256QAM（$256=2^8$），其实 5G 最高可以支持 1024QAM，即每个波形可以代表 10 比特信息。

故调制带来的速率增益：4G 比 3G：6/4=1.5 倍，而 5G 比 4G：一般是 8/6=1.33 倍，极限是 10/6=1.67 倍。即 256QAM 理论峰值的频谱效率比 64QAM 提升 33%，同样的时频资源块上能容纳更多数据，提升了空口吞吐量。

越高阶的调制，对芯片、基带的要求就更高；同时，越高阶调制不同波形之间的区别越细微，抗干扰能力越差。故 5G 网络定义了多种调制方式，只有在干扰小的时候，才会使用 256QAM 甚至 1024QAM 调制方式，而在干扰大、无线环境差（比如房间深处）时，基站会自动地选择更低阶的调制方式，来使得数据能够顺利传输，此时数据传输速率会大大降低。

4.4

信道编码

信道编码的目的是为了克服无线信道可靠性差的问题，在原始有用信息比特之外增加了一定比例的冗余比特用于保护有用比特，提高信息传递的可靠性。就类似于在网上买了一只花瓶，商家为了防止花瓶在运输过程中损坏，会在包裹中放入很多的海绵或瓦楞纸用于保护花瓶的安全，这个填放海绵或瓦楞纸的过程就是信道编码过程。

信道编码选择的基本原则：编码性能，纠错能力以及编码冗余率；编码效率，复杂程度及能效，复杂度高则信息传输的时延太大；灵活性，编码的数据块大小，能否支持 IR-HARQ（增量冗余的混合自动重传）。

当前有三种编码方式，信道编码对比见表 4-2。

Turbo 编码：性能好，随着速率的增加，编码的运算量会线性增加，能耗成为挑战。

LDPC（用于业务信道）：LDPC 码由 MIT 的教授 Robert Gallager 在 1962 年提出，理论研究表明：1/2 码率的 LDPC 码在 BPSK 调制下的性能距香农极限仅差 0.0045dB，是距香农极限最近的纠错码，也是最早提出的逼近香农极限的信道编码。性能好，复杂度低，通过并行计算，对高速业务支持好。

Polar 码（用于控制信道）：Polar 码是由土耳其比尔肯大学教授 E. Arikan 在 2007 年提出，2009 年开始引起通信领域的关注。Polar 码是基于信道极化理论提出的一种线性分组码。理论上，在低译码复杂度下能够达到信道容量且无错误平层，而且当码长 N 增大时，其优势会更加明显。对小包业务编码性能突出。

按照 R15 中的规定，5G 的 eMBB（增强型移动宽带）场景中，控制信道采用的是 Polar，业务信道采用的是 LDPC 编码。

这两种编码相对于 4G 使用的 Turbo 编码技术要优秀很多，比如 LDPC 相对于 Turbo 来说：可解码性能提升 30%~90%，解码时延降低 1/3，芯片大小降低 1/3，解码功耗降低 1/3。相比 Turbo 来说在相同信噪比条件下 Polar 拥有更低的误码率。Polar 和 LDPC 都拥有更高的编码效率，做到添加最少的冗余保护信息，保证信息的可靠发送和接收，提高信息传送效率，进而提升峰值速率。

表 4-2　信道编码对比

信道编码类型	距离香农极限	专利所属	纠错能力	扩展性	延时	编译码复杂度
低密度奇偶校验码（LDPC）	有 0.0045dB 距离	国外	连续的突发差错对译码的影响不大，编码本身就具有抗突发错误的特性	只有检错和纠错能力	需要在码长比较长的情况下才能充分体现性能上的优势，所以编码时延也比较大	复杂度低
涡轮码（Turbo）	有 0.7dB 距离	国外	最低，在 5G 标准投票中已被淘汰	只有检错和纠错能力	依靠反复迭代进行译码，延时较大	复杂度高
极化码（Polar）	可达	部分在华为	不具备纠错能力，但理论上可极化出绝对干净的信道	需要结合循环冗余码、奇偶校验码等实现检错和纠错	低延时	复杂度较高，干净信道选择方法有待优化和发展

4.5

多址技术

多址技术解决多个用户同时接入网络时如何有效区分的问题。在无线接入网中，多个用户会同时通过同一个基站和其他用户进行通信，因此必须对不同用户和基站之间传输的信号赋予不同的特征。这些特征使基站能够从众多用户手机发射的信号中，区分出是哪一个用户的手机发出来的信号；各用户的手机能够从基站发出的信号中，区分出哪一个是发给自己的信号。

从 1G 到 5G，每一代通信网络架构都不同，多址技术也不同。

（1）1G 到 4G 的多址技术

从 1G 到 4G，多址技术发展出多种形式，包括 FDMA、TDMA、CDMA、OFDMA 等。当接入用户增多时，这些技术为了让不同用户信号能被完整区分出来，会保持信号之间的正交性或准正交，因此可以统称为正交多址技术。

1G 时代用 FDMA（Frequency Division Multiple Access，频分多址接入）：不同用户使用不同的频道。

2G 时代用 TDMA（Time Division Multiple Access，时分多址接入）：不同的用户使用相同频道上的不同时隙。

3G 时代用 CDMA（Code Division Multiple Access，码分多址接入）：不同的用户使用相同频道相同时隙上的不同码型。

4G 时代用 OFDMA（Orthogonal Frequency Division MultipleAccess，正交频分多址接入）：OFDMA 结合了 FDMA 和 TDMA 的优势，它将频谱资源划分成若干不同的子频带，同时在时间上划分出不同的时隙，根据需求大小，不同用户在同一时隙占用一个或多个子频带，如图 4-3 所示。

OFDMA 相比 FDMA 多了一个 O（Orthogonal，正交的），这个正交解决了 FDMA 中频谱保护间隔太宽的问题。OFDMA 的子频带的带宽和中心间隔相等，一个子频带的中点刚好是相邻子频带的零点，相邻子频带可以互相重叠，在保证子频带正交的前提下最小化了保护间隔，大大提高了频谱效率，如图 4-4 所示。

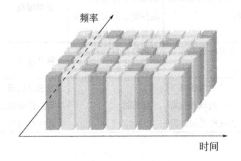

图 4-3　OFDMA 原理示意图

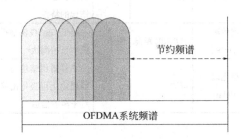

图 4-4　OFDMA 频谱重叠

OFDMA 对频谱资源的利用方式比 CDMA 更灵活，而且更容易支持更大的带宽和 MIMO 等新技术，为我们开启了 4G 时代高清视频、大数据传输等业务的全新感受。

（2）5G 的多址技术

5G 时代用 NOMA（Non-orthogonal Multiple Access，非正交多址接入）。

① 5G 不用 OFDMA 的原因

5G 时代是从移动互联网到移动信息基础设施的变革时代。5G 的全新业务场景需要有新的多址技术来支撑。

mMTC（大规模机器通信）场景：特点是海量连接、偶发、小数据包、低功耗等。但 OFDMA 每次传输之前需要申请资源，即额外发送一部分数据，产生信令开销。如果频繁发送数据，信令开销大、功耗高、连接数量受限。

uRLLC（高可靠低时延通信）场景：特点是高可靠低时延。有些 uRLLC 场景连接密度也比较高。但同样 OFDMA 接入步骤烦琐，需要复杂的资源申请，时延大、信令开销大、接入密度低。

② NOMA 的原理

NOMA 思想是发射端不同的用户分配非正交的通信资源。NOMA 不再需要信号之间严格正交，允许存在一定干扰，以便获得更大的系统容量。在正交方案当中，如果一块资源平均分配给 N 个用户，那么受正交性的约束，每个用户只能够分配到 $1/N$ 的资源。NOMA 摆脱了正交的限制，因此每个用户分配到的资源可以大于 $1/N$。在极限情况下，每个用户都可以分配到所有的资源，实现多个用户的资源共享。非正交带来的负面作用是多用户干扰。为了解决这个问题，需要接收机侧采用比较复杂的接收机技术（比如串行干扰消除或类最大似然解调）。

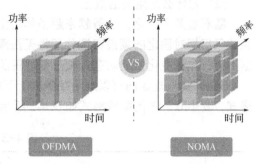

图 4-5　OFDMA 和 NOMA 对比

如图 4-5 所示，NOMA 对于时间和频谱资源的划分方式与 OFDMA 相似，是完全正交的。但 NOMA 允许不同用户在同一时间使用同一个信道，因此 NOMA 除了根据时间和频谱资源两个维度为用户信号赋予不同的特征外，还会在其他维度进行扩展，比如码域、功率域等，从而为更大数量级的用户信号赋予不同的特征。

4.6

全双工与灵活双工

双工技术是指终端与网络间上下行链路协同工作的模式，5G 为了应对三种场景的多种应用，目前主要的双工改进技术有同时同频全双工和灵活双工。

同时同频全双工（Co-time Co-frequency Full Duplex，CCFD），是指收发双方在同一个时频资源上进行数据传输，发送端把信息传递给接收端，接收端进行相关的干扰消除算法，实现同时进行收发，大大提升了频谱效率。

灵活双工（Flexible Full-Duplex），是指根据业务情况，来调整上下行时隙，相邻小区会进行干扰协调消除。

（1）同时同频全双工技术与 TDD、FDD

同时同频全双工技术是指设备的发射机和接收机占用相同的频率资源同时进行工作，使得通信双方在上、下行可以在相同时间使用相同的频率。

TDD 发射和接收信号是在同一频率信道的不同时隙中进行。

FDD 采用两个对称的频率信道来同时发射和接收信号。

同时同频全双工通信双方在上、下行可以在相同时间使用相同的频率，从根本上避免了半双工通信中由于信号发送/接收之间的正交性所造成的频谱资源浪费。故相对于半双工通信（TDD、FDD）而言，全双工通信具有显著的性能优势：

数据吞吐量增益；

降低端到端延迟；

降低拥塞；

无线接入冲突避免能力。

（2）为什么采用灵活双工

随着业务多样化，业务越来越多体现出上下行随时间、地点而变化等特性。目前通信系统采用相对固定的频谱资源分配将无法满足不同小区变化的业务需求。灵活双工能够根据上下行业务变化情况动态分配上下行资源，有效提高系统资源利用率。

3GPP 协议规定的可以灵活配置的上下行符号有时域的位置要求，目前共有 62 种配置格式，其中 0~15 的配置格式如表 4-3 所示。

表 4-3　配置格式

格式	一个时隙的符号数量													
	0	1	2	3	4	5	6	7	8	9	10	11	12	13
0	D	D	D	D	D	D	D	D	D	D	D	D	D	D
1	U	U	U	U	U	U	U	U	U	U	U	U	U	U
2	X	X	X	X	X	X	X	X	X	X	X	X	X	X
3	D	D	D	D	D	D	D	D	D	D	D	D	D	X
4	D	D	D	D	D	D	D	D	D	D	D	D	X	X
5	D	D	D	D	D	D	D	D	D	D	D	X	X	X
6	D	D	D	D	D	D	D	D	D	D	X	X	X	X
7	D	D	D	D	D	D	D	X	X	X	X	X	X	X
8	X	X	X	X	X	X	X	X	X	X	X	X	X	U
9	X	X	X	X	X	X	X	X	X	X	X	X	U	U
10	X	U	U	U	U	U	U	U	U	U	U	U	U	U
11	X	X	U	U	U	U	U	U	U	U	U	U	U	U
12	X	X	X	U	U	U	U	U	U	U	U	U	U	U
13	X	X	X	X	U	U	U	U	U	U	U	U	U	U
14	X	X	X	X	X	U	U	U	U	U	U	U	U	U
15	X	X	X	X	X	X	U	U	U	U	U	U	U	U

4.7

毫米波技术

为满足 5G 所期望达到的 KPI，使用更高的带宽是一个必然的选择，而大带宽目前只有在较高频段才可能提供。

ITU 针对 5G 提出了八个关键指标，其中 Peak Data Rate 大于 20Gbps，Area Traffic Capacity 大于 10Mbps 每平方米，User Experienced Data Rate 大于 100Mbps，3 个指标都是针对移动系统吞吐量提出。要想提升吞吐量，主要通过三个方面来努力：更高的频谱效率、更密集的站点部署以及更大的带宽；从香农定理也可以看出，吞吐量与带宽成正比。目前只有在高频段上，才可以找到连续的数百兆赫兹甚至 1GHz 的带宽，在这样的带宽上可以轻松实现数十 Gbps 的峰值速率。而且由于高频传播特性，高频站可以进行很密集的部署，相应地也能支持单位面积吞吐量的指标。

由于高频覆盖受限，但是容量巨大，因此在 eMBB 场景下普遍认为高频非常适合做热点覆盖的解决方案，而且可以跟低频结合起来，为用户提供无缝的服务。

从具体网络功能要求上来说，IMT-2020（5G）推进组织定义了 5G 的四个主要的应用场景：连续广覆盖、热点高容量、低功耗大连接和低时延高可靠。连续广域覆盖和热点高容量场景主要满足未来的移动互联网业务需求。

连续广域覆盖场景是移动通信最基本的覆盖方式，以保证用户的移动性和业务连续性为目标，为用户提供无缝的高速业务体验，可以用覆盖能力强的中低频实现。热点高容量场景主要面向局部热点区域，为用户提供极高的数据传输速率，满足用户极高的流量密度需求，可以使用高频传输获取更大的频谱带宽实现。

毫米波挑战：

高频波长相比低频传播损耗更大，绕射能力更弱、易遮挡，衰耗越严重；

上下行覆盖不均衡，频段越高，上下行差异越明显；导致上行覆盖受限。

毫米波优势：

虽然高频传播损耗非常大，但是由于高频段波长很短，因此可以在有限的面积内部署非常多的天线阵子，通过大规模天线阵列形成具有非常高增益的窄波束来抵消传播损耗。

而且毫米波的波束很窄，相同天线尺寸要比微波更窄，所以具有良好的方向性，能分辨相距更近的小目标或更为清晰地观察目标的细节。

一个 5G 高频基站的覆盖，是由多个不同指向的波束所组成；同时 UE 的天线也会具有指向性，如图 4-6 所示。波束管理的核

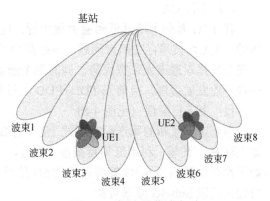

图 4-6 发射-接收波束对

心任务是如何找到具有最佳性能的发射-接收波束对。

基于高频的传播特性，单独的高频很难单独组网。在实际网络中，可以通过将 5G 高频与 4G 低频或者 5G 低频结合，实现一个高低频的混合组网。在这种架构下，低频承载控制面信息和部分用户面数据，高频在热点地区提供超高速率用户面数据。

4.8

上下行解耦

C-Band 拥有大带宽，是构建 5G eMBB 的黄金频段。目前，全球多数运营商已经将 C-Band 作为 5G 首选频段。但是，由于 5G NR 在 C-Band 上均使用 TDD，gNodeB 下行功率（200W）远大于手机功率（0.2W），导致 C-Band 上下行覆盖不平衡，如图 4-7 所示，上行覆盖受限成为 5G 部署覆盖范围的瓶颈。同时，随着大规模天线波束赋形、CRS-Free 等技术的引入，下行干扰会减小，进一步提升了下行覆盖的范围，C-Band 上下行覆盖差距将进一步加大。

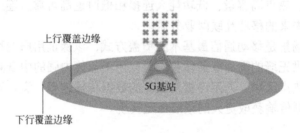

图 4-7　上下行覆盖不平衡

目前业界主要的解决方案有两种，一种是采用 TDD +FDD 的上行载波聚合技术（CA），一种是将 FDD 低频的上行频段作补充的上下行解耦技术（又叫超级上行）。

（1）上行 CA

在 3.5G 基础上增开低频通道做上行，让流量同时承载于高频段+低频段，提升覆盖和体验。但 CA 技术存在两大问题：一是两个频段上行只能各占一个通道，导致 3.5G 频段无法充分发挥双通道大带宽优势，同时每个通道功率小于 20dBm，导致上行收缩 3dB，二是终端产业发展缓慢，目前无 TDD+FDD 上行载波聚合的终端并无任何实现路标。

（2）上下行解耦（见图 4-8）

重新定义了新的频谱配对方式，使下行数据在 C-Band 传输，而上行数据在 Sub-3G（例如 1.8GHz）传输，利用低频衰减慢、覆盖好从而提升了上行覆盖。在 5G 早期商用场景下，如果没有单独的 Sub-3G 频谱资源供 5G 使用，可以通过开通 4G FDD 和 NR 上行频谱共享特性来获取 Sub-3G 频谱资源。

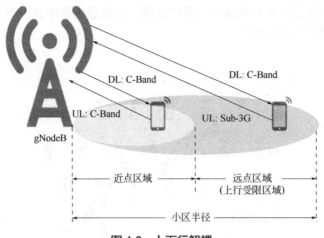

图 4-8　上下行解耦

4.9

超密集组网

超密集组网（Ultra Dense Network，UDN）是为满足 2020 年后超高流量通信的需求而引入的一种关键技术。通过在 UDN 中大量装配无线设备，可实现极高的频率复用。这可以将热点地区系统容量提升几百倍。典型的 UDN 场景包括办公室、聚居区、闹市、校园、体育场和地铁等。

但是持续的网络密度提升将带来新的挑战，如干扰、移动性、回传资源、设备成本等。为满足典型场景的要求，并克服这些挑战，虚拟小区技术、干扰管理及抑制技术和协作传输及反馈技术将是 UDN 领域中的重要研究方向。

虚拟小区技术包括用户中心虚拟小区技术、虚拟分层技术和软扇区技术。

用户中心虚拟小区技术打破了传统的小区概念，不同于传统的小区化网络，此时的用户周围的接入点组成虚拟小区并联合服务该用户，并以之为中心。随着用户的移动，新的接入点将加入小区，而过期的接入点将被快速的移除。图 4-9 表示了用户中心化的虚拟小区的工作原理。具体来说，用户周围大量的接入点构成虚拟小区，以保障用户处于虚拟小区中央。一个或多个接入点将被新的接入点替换，这意味着随着用户的移动，新的接入点将加入移动小区的边缘。用户中心虚拟小区的目标是实现无边缘的网络结构，保持较高的用户体验速率。由于用户覆盖范围及服务要求的限制，虚拟小区随着用户的移动而不断更新，并在虚拟小区及用户终端之间保持高质量的用户体验和用户服务质量（QoE/QoS），而不必考虑用户的位置。

虚拟分层技术是基于由虚拟层和真实层构成的多层架构网络。此时，虚拟层用于广播、移动性管理等，真实层用于传输数据。用户在同一虚拟层内移动时，不会发生小区重选和切换，从而实现用户的良好体验。

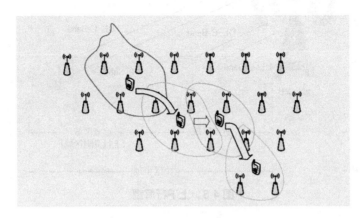

图 4-9 用户中心化虚拟小区

对于软扇区技术，多个扇区由中心控制单元生成的多个波束形成。软扇区技术可以对真实扇区和虚拟扇区提供统一化的管理，减少操作复杂度。

干扰管理和抑制技术可分为两种：基于接收机和基于发射机。对于下行链路，基于接收机的干扰消去技术需要用户的基站之间的协作。在用户端，需要使用一些非线性算法，如 SIC 和 MLD 等。在基站端，各相邻小区间须交互干扰信息。对于上行链路，基于接收机的干扰消去技术几乎只需在基站端进行操作，与 CoMP 类似。在基站端，中控设备可实现小区间的信息/数据交互。基于发射机的干扰消去，通常被传统的 ICIC 技术采用。更进一步地说，下行链路 CoMP 可被认为是 ICIC 的一种实现方式。相比于分布式协作，中心化协作的增益要更高，收敛速度更快。在 UDN 中，各小小区协作是一种典型场景，该场景更适于设置一个中心控制器。在另一方面，NFV 是一种网络架构的演变趋势，其将平滑的提供一种中心化的协作方式。

接入和回传的联合优化包括级联回传技术和无线自回传技术。在级联回传架构下，基站端将进行层标号。第一层由宏小区和小小区组成，由有线链路进行连接。第二层的小小区通过单跳无线传输与第一层的基站相连。第三层及之后各层与第二层的情况类似。在此框架下，有线与无线回传相结合，实现即插即用的网络架构。

4.10

D2D

D2D（Device-to-Device，设备到设备），即邻近终端设备之间直接进行通信的技术。在通信网络中，一旦 D2D 通信链路建立起来，传输语音或数据消息就无需基站的干预，这样可减轻通信系统中基站及核心网的数据压力，大幅提升频谱资源利用效率和吞吐量，增大网络容量，保证通信网络更为灵活、智能、高效地运行。D2D 通信与一般通信的对比，如图 4-10 所示。

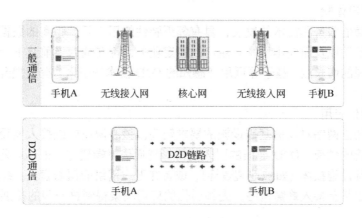

图 4-10　D2D 通信与一般通信的对比

（1）D2D 通信的特点

D2D 中的这个"D"既可以是手机，也可以是其他机器设备。因此 D2D 通信既可以满足手机用户之间的通信，也支持大规模的机器通信业务，比如车载通信。

具有 D2D 功能的手机终端可在 D2D 通信模式与一般通信模式之间进行切换。比如，手机终端在通信高峰期根据通信距离与通信质量智能选择使用 D2D 通信模式还是一般通信模式。

D2D 的直接覆盖距离可以达到 100m 左右。另外，具有 D2D 功能的终端设备也可以充当网络中继转发消息，进一步扩展网络通信范围。比如，不在网络覆盖范围内的手机用户可以通过 D2D 多跳传输接入网络。

D2D 使用通信运营商授权频段，干扰可控，直接通信覆盖范围可达 100m，信道质量更高，传输速率更快，更能够满足 5G 的超低时延通信特点。相比常见的蓝牙 D2D 模式，蓝牙工作频段为 2.4GHz，通信覆盖范围 10m 左右，且数据传输速率通常小于 1Mbps，而且蓝牙需要用户手动配对，D2D 则可以通过终端设备智能识别，无需用户动手配置连接对象或网络。

（2）D2D 通信的优势

D2D 通信的优势包括助力自动驾驶、提高频谱效率、提升用户体验、扩展通信应用。

① 助力自动驾驶

与手机相比，汽车没有耗电限制，可在汽车顶部安装多个天线，充当运营商的移动微基站。利用 D2D，汽车微基站既可以为车内终端用户提供更丰富高质量的信息娱乐体验，又可以实时传递车对车、车对人、车对基础设施等多路通信信号，对自动驾驶起到神助攻的作用。

② 提高频谱效率

在 D2D 通信模式下，用户数据直接在终端之间传输，避免了蜂窝通信中用户数据经过网络中转传输，由此产生链路增益；另外，D2D 用户之间以及 D2D 与蜂窝之间的资源可以复用，由此可产生资源复用增益；通过链路增益和资源复用增益还可提高无线频谱资源的效率，进而提高网络吞吐量。

③ 提升用户体验

随着移动通信服务和技术的发展，具有邻近特性的用户间近距离的数据共享、小范围的社交和商业活动以及面向本地特定用户的特定业务，都在成为当前及下一阶段无线平台中一个不可忽视的增长点。基于邻近用户感知的 D2D 技术的引入，有望提升上述业务模式下的用户体验。

④ 扩展通信应用

传统无线通信网络对通信基础设施的要求较高，核心网设施或接入网设备的损坏都可能导致通信系统的瘫痪。D2D 通信的引入使得蜂窝通信终端建立 Ad Hoc 网络成为可能。当无线通信基础设施损坏（如被地震毁坏），或者在无线网络的覆盖盲区，终端可借助 D2D 实现端到端通信甚至接入蜂窝网络，无线通信的应用场景得到进一步的扩展。

4.11

免调度

5G 系统中，针对 uRLLC 低时延场景，定义了免调度技术，终端如果有数据要发送给网络，可以不用向网络申请，直接发送，因而免除了 RTT 造成的时延。

为了说明免调度的优势，以 4G 为例，来说一下它和正常调度的区别。4G 系统中，UE 要发送数据给网络，需要先向基站发起调度申请，然后基站给 UE 发送调度授权，最后 UE 才能把数据放到相应的资源块上发送给网络。这个过程存在环回时间（Round Trip Time，RTT）。

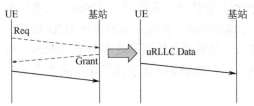

图 4-11　4G 的正常调度与 5G 免调度方式对比

如图 4-11 所示，相比正常的调度流程，免调度省掉了调度申请和调度授权过程，没有了 RTT 时延，所以时延更短，能够满足今后 uRLLC 低时延场景业务需求。

在 uRLLC 场景下，gNodeB 侧可以开启免调度特性，并配置相关免调度资源，并通过下行控制信息（Downlink Control Information，DCI）激活/去激活 UE 的免调度资源；当 UE 获得免调度资源后，如果 UE 有 uRLLC 数据需要发送，就可以在免调度资源上直接发送 PUSCH 数据，而无需先向 gNodeB 发送调度请求。

4.12

无线网 CU/DU 分离网络架构

为了满足 5G 网络的需求，运营商和主设备厂商等提出多种无线网络架构。3GPP 标准化组织确定对 5G 的无线接入网，引入 CU 和 DU 架构，重构其功能。在此架构下基站的基带部分 BBU 拆分成 CU 和 DU 两个逻辑网元，而射频单元、少部分基带物理层底层功能与天线构成 AAU。

3GPP 确定了 CU 和 DU 划分方案，即 PDCP 层及以上的无线协议功能由 CU 实现，PDCP 以下的无线协议功能由 DU 实现。CU 与 DU 作为无线侧逻辑功能节点，可以映射到不同的物理设备上，也可以映射为同一物理实体。对于 CU/DU 部署方案，由于 DU 难以实现虚拟化，CU 虚拟化目前存在成本高、代价大的挑战；分离适用于 mMTC 小数据包业务，但目前标准化工作尚未启动，发展趋势还不明确；分离有助于避免 NSA 组网双链接下路由迂回，而 SA 组网无路由迂回问题，因此初期采用 CU/DU 合设部署方案。CU/DU 合设部署方案可节省网元，减少规划与运维复杂度，降低部署成本，减少时延（无需中传），缩短建设周期。从长远看，根据业务应用的需要再逐步向 CU/DU/AAU 三层分离的新架构演进。因此要求现阶段的 CU/DU 合设设备采用模块化设计，易于分解，方便未来实现 CU/DU 分离架构。同时，还需解决通用化平台的转发能力的提升、与现有网络管理的协同以及 CU/DU 分离场景下移动性管理标准流程的进一步优化等问题。

设备厂商在 DU 和 AAU 之间的接口实现存在较大差异，难以标准化。在部署方案上，目前主要存在 CPRI 与 eCPRI 两种方案。采用传统 CPRI 接口时，前传速率需求基本与 AAU 天线端口数成线性关系，以 100MHz/64 端口/64QAM 为例，需要 320Gbps，即使考虑 3.2 倍的压缩，速率需求也已经达到 100Gbps。采用 eCPRI 接口时，速率需求基本与 AAU 支持的流数成线性关系，同条件下速率需求将降到 25Gbps 以下，因此 DU 与 AAU 接口首选 eCPRI 方案。

4.13

SON

SON（Self Organization Network，自组织网络）运用网络自组织技术，通过对大量关键性能指标和网络配置参数以及网元节点的智能管理，有效增强网络的灵活性和智能性，提高网络性能和用户服务体验。

（1）SON 主要包括三大功能

① 自配置（Self-configuration）

自配置功能主要包括：自测试、自动获取 IP 地址、自动建立 gNB 与 OAM 系统之间的连接、传输自建立、软件自动管理、无线配置参数和传输配置参数的自动管理、自动邻区关系配置、自动资产信息管理、自配置过程的监控与管理等。

通过自配置可以实现基站自建立及基站运行过程中的自动管理，使新增的网络节点能做到即插即用；自配置大大地减少了网络建设开通中手动配置参数的工作量及基站运行过程中的人工干预。

② 自优化（Self-optimization）

自优化是指网络设备根据其自身运行状况，自适应地调整参数，以达到优化网络性能的目标。

自优化主要包括以下功能：

ANR（Automatic Neighbour Relation function，自动邻区关系优化）；

MLB（Mobility Load Balancing optimisation，移动性负载均衡优化）；

RO（RACH Optimisation，随机接入信道优化）；

ES（Energy Savings，基站节能）；

ICIC（Inter-cell Interference Coordination，小区间干扰协调）；

CCO（Coverage and Capacity Optimization，覆盖与容量优化）等。

③ 自愈（Self-healing）

自愈的目的是消除或减少那些能够通过恰当的恢复过程来解决的故障。

(2) SON 关键技术

SON 要更好地应用到 5G 网络中，适合 5G 网络的特性，需要引进更多的新技术解决更多的问题，主要包括以下几种。

① 物理小区标识自配置技术

物理小区标识（PCI，Physical Cell Identity）是终端设备识别所在小区的唯一标识，用于产生同步信号。

② 邻区关系列表自配置技术

邻区关系列表（NRL，Neighborhood Relationship List）是网络内小区生成的关于相邻小区信息的列表，只是在小区内部使用，不会在系统信息中广播。

③ 干扰管理自优化技术

在未来 5G 超密集网络的环境下，基于分簇的集中控制，不仅能够解决未来 5G 网络超密集部署的干扰问题，而且能够实现相同无线接入技术下不同小区间资源的联合优化配置、负载均衡以及不同无线接入系统间的数据分流、负载均衡等。

④ 负载均衡自优化技术

负载均衡自优化即通过将无线网络的资源合理地分配给网络内需要服务的用户，提供较高的用户体验和吞吐量。

⑤ 网络节能自优化技术

当业务量降低时，在保证当前用户的服务需求下，通过自主的关闭不必要的网元或者资源调整等方式达到降低能耗的目的。

在 5G 超密集组网的场景中，采用分布式的基站休眠机制，增强各基站的自主决策以及自主配置优化能力，从而提高网络资源利用率。

⑥ 覆盖与容量自优化技术

为了合理有效地利用网络资源和提高网络适应业务需求的能力，覆盖与容量自优化技术通过对射频参数的自主调整，将轻载小区的无线资源分配至业务热点区域内，实现网络覆盖性能与容量性能的联合提升。

通过对射频参数的自主调整实现对热点区域的容量增强。

覆盖与自优化技术也可与自治愈技术相结合，从而有效应对网络故障场景，完成对故障区域的覆盖与容量增强。

⑦ 故障检测和分析技术

利用大数据挖掘分析和云计算的方法，对移动网络内用户的行为信息以及网络异常的统计信息等进行分析和处理，完成基站的网络故障检测和分析，并给出相应的处理方案。

对不同类型的接入点设置不同的特征值和判决参数，然后根据网络内的信息进行数据处理，提高故障检测效率，实现网络的智能化和自主化管理。

⑧ 网络中断补偿技术

当检测到网络故障时，需要采取相应的补偿方法来抑制网络性能恶化，以保障网络性能及用户体验。

通过控制面与数据面的分离设计，综合考虑跨层干扰和接入点选择等因素，可以有效提高网络的顽健性和可靠性，提升用户的服务体验。

思考与复习题

一、单选题

1. 5G 场景下，室外宏站解决室内覆盖的主要技术是（　　）。
   A. 大功率覆盖　　　　　B. 上下行解耦　　　　C. 3D-MIMO　　　　　D. CRAN
2. 5G 一个子帧固定为（　　）。
   A. 1ms　　　　　　　　B. 5ms　　　　　　　　C. 10ms　　　　　　　D. 0.5ms
3. 在 eMBB 场景下，业务共享信道采用哪种编码方式（　　）。
   A. LPDC　　　　　　　B. Polar　　　　　　　C. Turbo　　　　　　　D. 咬尾卷积码
4. 在 5G 中使用（　　）作为控制信道的编码方案。
   A. Polar 码　　　　　　B. LDPC　　　　　　　C. 卷积码　　　　　　D. 复用码
5. 以下场景中不适用超密集组网 UDN 的是（　　）。
   A. 城市 CBD　　　　　B. 体育场馆　　　　　　C. 地铁　　　　　　　D. 一般郊区
6. 5G 网络通过（　　）技术实现不了"Gbps 用户体验速率"。
   A. 大规模天线阵列　　B. 密集组网　　　　　　C. 切片　　　　　　　D. 全频谱接入

二、简答题

1. 请简述 LDPC 代替 Turbo 码的原因。
2. 5G PDSCH 有哪些调制方式?
3. 请简述 NFV 在通信网络中使用的优点，不少于三个。
4. 请简述 Massive MIMO 技术优点。
5. 请简述提升吞吐量的方式。
6. 请简述使用 Massive MIMO 大规模天线的原因。
7. 请简述高频毫米波损耗很大，但依然使用的原因。

5G 网络部署

5.1

5G 组网概述

5G 的部署并不是简单新建一张网的事，需要考虑如何和现有 4G 网络共存，共同发挥作用，确保利益最大化。在 3GPP 第 72 次全体大会上，提出了 8 个选项，如图 5-1 所示。

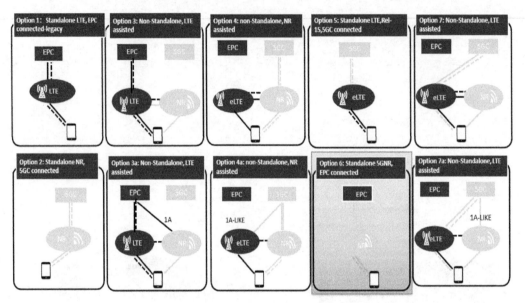

图 5-1　5G 组网 8 个选项

8 个选项分为两大类型：独立组网 SA（Stand Alone）和非独立组网 NSA（Non-Stand-Alone），如图 5-2 所示。

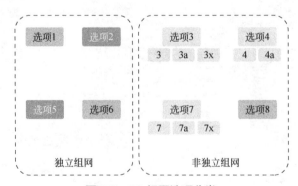

图 5-2　5G 组网选项分类

其中选项 1 是 4G 基站连接 4G 核心网，目前 4G 网络的组网架构，早已在 4G 结构中实现。选项 1、选项 6 和选项 8 仅是理论存在的部署场景，不具有实际部署价值，被业界抛弃。故被运营商考虑的选项只有 5 种，如图 5-3 所示。

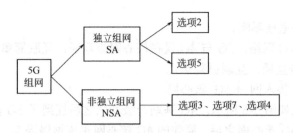

图 5-3　业界重视的 5G 组网选项分类

SA 指的是新建 5G 网络，包括新基站、回程链路以及核心网。

NSA 指的是使用现有的 4G 基础设施进行 5G 网络的部署，包括两大类：一是 5G 网络要以 4G 基站为控制面锚点接入到 4G 核心网（EPC），例如选项 3 系列；二是以增强型的 4G 基站为控制面锚点接入 5G 核心网（5GC），例如选项 4 系列、选项 7 系列。非独立组网（NSA）选项 3、4、7 下面均包括了不同的子选项，如图 5-4 所示。

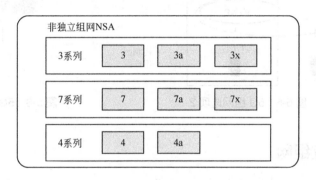

图 5-4　5G 组网选项分类细化

5.1.1　独立组网

（1）选项 2：5G NR + 5G 新核心网

选项 2 部署方式，如图 5-5 所示，用户面和控制面是完全分离的，虚线代表控制面（控制面：就是用来发送管理、调度资源所需的信令的通道），实线代表用户面（用户面：发送用户数据的通道），用户以 5G NR 作为控制面锚点接入 5GC，其中 5GC 称为 5G 核心网，NR 称为 5G 新空口。

选项 2 的特点就是全新的一张网络，需要同时部署 5G 核心网和 5G 无线接入网，初期的投资成本较高，面临技术风险较大，早期 5G 应用还未爆发的现状下，要求运营商需平衡好 4G 资产保护和 5G 建网投入；受限于网络整体建设周期，SA 组网想要形成连续的覆盖网络需要比较长的时间；对 5G 的连续覆盖有较高要求（不然会大量发生 5G 到 4G 切换，影响用户体验）。

选项 2 独立组网的好处如下。

是 5G 网络架构的终极形态，可以支持 5G 的所有应用：eMBB/uRLLC/mMTC 及网络切片；

不会对现有网络造成影响；

5G 网络独立于 4G 网络，5G 与 4G 仅在核心网级互通，互联简单（在非独立组网下，5G 与 4G 在接入网级互通，互联更复杂）。

（2）选项 5：4G 接入网 + 5G 核心网

选项 5 部署方式如图 5-6 所示，4G 基站升级增强之后连到了 5G 核心网之上，本质上还是 4G。但新建了 5G 核心网之后，原先的 4G 核心网也该慢慢退服，一定会出现 4G 基站连接 5G 核心网的需求，故选项 5 是未来会出现的架构。

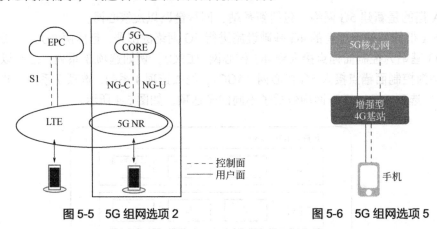

图 5-5　5G 组网选项 2　　　　　　图 5-6　5G 组网选项 5

5.1.2　非独立组网

总体上来说，非独立组网要比独立组网复杂得多，这也是初期建网投资节省必须要付出的代价。

首先解释几个术语：

① 双连接：顾名思义，就是手机能同时与 4G 和 5G 都进行通信，能同时下载数据。一般情况下，其中一个是"主"小区，负责无线接入的控制面，即负责处理信令或控制消息；而另一个是"从"小区，仅负责用户面，即负责承载数据流量。

② 控制面锚点：双连接中的负责控制面的基站就叫做控制面锚点。

③ 分流控制点：用户的数据需要分到双连接的两条路径上独立传送，但是在哪里分流呢？这个分流的位置就叫数据分流控制点（简称分流控制点）。

④ 非独立组网三问：非独立组网复杂，都需要面对的三个问题：基站连接 4G 核心网还是 5G 核心网？控制信令走 4G 基站还是 5G 基站？数据分流点在 4G 基站，5G 基站，还是核心网？

非独立组网的 3 系列、7 系列及 4 系列，就是对这 3 个问题的不同回答。

为什么要引入双连接技术呢？主要是为了提升网络速率，均衡网络负载，以及避免切换中断，保证稳健的移动性。

（1）选项3系列：4G 基站 + 5G NR 基站 + 4G 4G 核心网

在选项3系列中，终端同时连接到5G NR 和4G，能同时提供4G 广覆盖的无线接入和5G NR 高速的无线接入。

这种组网方式下，没有5G 的核心网，严格意义上讲，不是5G 网络，只是提供了5G 的无线接入，只能满足5G eMBB 增强移动宽带场景的需要，无法满足5G 的其他两个场景的需要：uRLLC 超可靠低时延通信和mMTC 海量机器类通信。因此，只能算4.5G 的网络。

在控制面上，选项3系列完全依赖现有的4G 系统。

在用户面的锚点上，有option3、option3A、option3X 三个不同的子选项。即三个子选项的不同，主要在于数据分流控制点的不同。

① 选项3：NR 基站为辅小区

选项3如图5-7所示，其特点如下：

5G 基站的控制面和用户面均锚点于4G 基站。

5G 基站不直接与4G 核心网通信，它通过4G 基站连接到4G 核心网。

核心网下来的数据，4G 基站负责分为两路，一路自己发给手机，另一路分流到5G 去发给手机（即在4G 基站处分流后再传送到手机终端）。

4G 基站和5G 基站之间的 Xz 接口需同时支持控制面和5G 数据流量，以及支持流量控制，并满足时延需求。

选项3架构最大的问题是4G 基站流量压力大。

由于4G 和5G 数据流量分流（或聚合）于4G 基站，这意味着4G 基站要同时处理4G+5G 流量，5G 的峰值速率是4G 的几十倍，且原来的4G 基站并非为5G 高速率而设计，因此，4G 基站必然会遭遇处理能力瓶颈问题。解决办法就是对4G 基站进行硬件升级。

但升级4G 基站需资金投入，运营商不乐意，因此，3GPP 就又推出了两种改良选项：选项3a 和3x。

② 选项3a

选项3a 相对于选项3，数据分流控制点上移，放在了4G 核心网上，不再让4G 基站流量压力巨大，如图5-8所示。

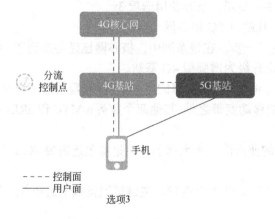

图5-7　5G 组网选项3

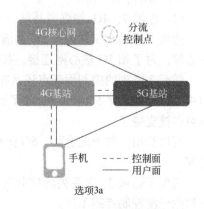

图5-8　5G 组网选项3a

虽然 4G 和 5G 控制面锚定于 4G 基站，但是 4G 和 5G 用户面各自直通 4G 核心网，即核心网下来的用户数据面不再通过 4G 基站分流，由核心网向 4G 和 5G 基站分发用户面数据。

选项 3a 虽然减轻了 4G 基站的负担，也不用花很多钱对 4G 基站进行硬件升级，但存在新的缺点。

首先，4G 核心网也要来个大的升级。

其次，在用户面上 4G 基站和 5G 基站各自直连 4G 核心网，两者之间没有 X2 接口互联，这意味着两者将各自为阵单独承载 4G 和 5G，没有负荷共享，比如可能 4G 基站只承载 Vo4G 语音流量，而 5G 基站只承载上网流量。

同时，当手机从 5G 基站"切换"到 4G 基站时，需要核心网进行 S1（基站与核心网之间的接口）Path Switch，所以存在一点"切换"时延。

③ 选项 3x

选项 3x 把数据分流控制点放在了 5G 基站上，如图 5-9 所示；选项 3x 避免了对已经在运行的 4G 基站和 4G 核心网做过多的改动，又利用了 5G 基站的速度快、能力强的优势，因此得到了业界的广泛青睐，成了 5G 非独立组网部署的首选。

选项 3x 架构面向未来，它既解决了选项 3 架构下 4G 基站的性能瓶颈问题，无需对原有的 4G 基站进行硬件升级，也解决了选项 3a 架构下 4G 和 5G 基站各自为阵的问题。对于一些低速数据流，比如 Vo4G，还可以从 4G 核心网直接传送到 4G 基站。

④ 选项 3 系列的优劣势及适用场景

优势：

标准化完成时间最早，有利于市场宣传；

对 5G 的覆盖没有要求，支持双连接来进行分流，用户体验好；

网络改动小，建网速度快，投资相对少。

劣势：

5G 基站与现有 4G 基站必须搭配工作，需要来自同一个厂商，灵活性低；

无法支持 5G 核心网引入的相关新功能和新业务；

适用场景：

5G 商用初期热点覆盖，能够实现 5G 快速商用，推荐使用选项 3x。

(2) 选项 7：4G 增强型基站 + 5G NR 基站 + 5G 核心网

选项 7 系列比 3 系列向 5G 的演进更近了一步。在该系列中，核心网已经切换到了 5G 核心网，为了和 5G 核心网连接，4G 基站也升级为增强型 4G 基站。

然而 7 系列的控制面锚点还是在 4G 上，适用于 5G 部署的早中期阶段，覆盖还不连续，但由于已经部署了 5G 核心网，除了最基本的移动宽带之外，其他两个业务 mMTC 和 uRLLC 也可以被支持了。

可以看出，对于此选项，5G 无线自身的业务能力大大增强，只是覆盖还需要 4G 进行补充。

类似于选项 3，7 系列同样分为 7、7a 和 7x 这 3 个选项，关键区别类似于选项 3，在于数据分流控制点的不同。

① 选项 7

数据分流点在增强型 4G 基站，如图 5-10 所示。

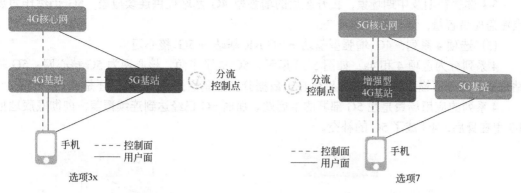

图 5-9　5G 组网选项 3x　　　　　　　　图 5-10　5G 组网选项 7

② 选项 7a

数据分流点在 5G 核心网，如图 5-11 所示。

③ 选项 7x

数据分流点在 5G 基站，如图 5-12 所示。

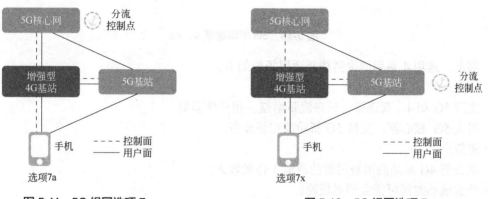

图 5-11　5G 组网选项 7a　　　　　　　　图 5-12　5G 组网选项 7x

选项 7 的数据分流点在增强型 4G 基站，选项 7a 的数据分流点在 5G 核心网，选项 7x 的数据分流点在 5G 基站。

和 3 系列类似，选项 7a 和 7x 都是可以接受的，但 7x 更受欢迎一些。

综上，选项 7 系列的优劣势及适用场景如下。

优势：

对 5G 的覆盖没有要求，可利用 4G 的覆盖优势；

支持双连接来进行分流，上网速度大为提升，用户体验好；

引入 5G 核心网，支持 5G 新功能和新业务。

劣势：

增强型 4G 基站需要的升级改造工作量大；

5G 基站与增强型 4G 基站必须协同工作，需要来自同一个厂商，灵活性低。

适用场景：

5G 部署初期及中期场景，由升级后的增强型 4G 基站提供连续覆盖，5G 仍然作为热点覆盖提高容量，建议使用选项 7x。

（3）选项 4 系列：4G 增强型基站 + 5G NR 基站 + 5G 核心网

4 系列分为选项 4 和 4a，如图 5-13 所示，5G 成了主角。核心网为 5G 核心网，5G 基站也成了控制面锚点。它们的区别仅在于数据分流控制点是在 5G 基站还是 5G 核心网。

4 系列的应用场景是在 5G 部署的中后期。届时 5G 已经达到连续覆盖，彻彻底底地把 4G 甩在身后，4G 成了 5G 的补充。

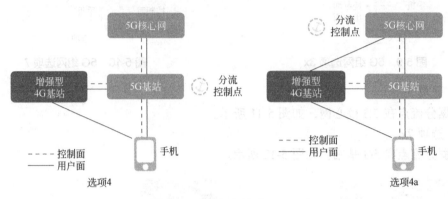

图 5-13　5G 组网选项 4、4a

综上，选项 4 系列的优劣势及适用场景如下。

优势：

支持 5G 和 4G 双连接，带来流量增益，用户体验好；

引入 5G 核心网，支持 5G 新功能和新业务。

劣势：

增强型 4G 基站的部署需要的改造工作量较大；

产业成熟时间可能会相对较晚；

5G 基站与增强型 4G 基站必须协同工作，需要来自同一个厂商，灵活性低。

适用场景：

由 5G 提供连续覆盖，适合于 5G 商用中后期部署场景，建议使用选项 4。

5.1.3　NSA 和 SA 之对比

NSA 的优势：

NSA 借助成熟的 4G 网络扩大 5G 覆盖范围，通过与 4G 联合组网的方式可以实现 5G 单站覆盖范围的扩大。

NSA 相较 SA 标准敲定的时间更早，因此相应的产品和测试工作更成熟。

SA 的优势：

在 SA 组网下，终端天线仅连接 NR 一种无线接入技术（在 NSA 组网下，终端天线要双连接 4G 和 NR 两种无线接入技术）；

独立组网则具备更强的业务能力，可支持网络切片、边缘计算等 5G 新特性，能同时满足所有 5G 业务应用场景。

可见 SA 组网和 NSA 组网各有千秋，优劣对照如表 5-1 所示。目前国内运营商在 5G 网络建设初期主要采用 NSA 组网方案，而在之后将逐步根据实际情况采用 SA 组网策略。

表 5-1　SA 与 NSA 比较

组网方式	SA 组网	NSA 组网
优势	独立组网一步到位，对 4G 网络无影响 支持网络切片：5G 核心网基于 SBA 服务化架构，能敏捷高效地创建"网络切片" 支持 MEC：5G 核心网的用户面和控制面彻底分离，使 UPF 实现下沉和分布式部署。这种分离架构使 MEC 成为可能	利用 4G 核心网 按需建设 5G，建网速度快，投资回报快 标准冻结较早，产业相对成熟，业务连续性好
劣势	需要成片连续覆盖，建设工程周期较长 需要独立建设 5G 核心网 初期投资大	难以引入 5G 新业务 与 4G 强绑定关系，升级过程较为复杂 投资总成本较高 NSA 的部署，虽可以最大效能地利用原有的 4G 网络，原来的 4G 基站也可以通过软件升级支持 5G，能节约投资，但这样会给运维带来极大的难题，运维成本高

SA 才是 5G 最终的发展形态，但是在 5G 发展的初期，如果资金不充足，硬着头皮上 SA 是不现实的，因为这要付出更大的时间成本和金钱成本，很有可能错失 5G 发展的黄金时机。

5.1.4　5G 组网演进路径

这么多架构，要怎样演进呢？可以分为两条路径，如图 5-14 所示。

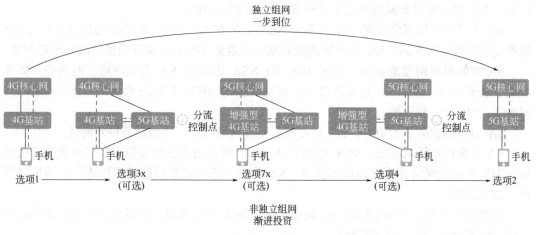

图 5-14　5G 网络架构演进的两条路径

路径 1：一步到位，直接上选项 2 终极形态。这是资金充足的运营商的最爱，也是中国移动、中国联通和中国电信共同的选择。

路径 2：选项 1 → 选项 3x → 选项 7x → 选项 4 → 选项 2，中间的步骤都是可选的。

路径 2 看起来很复杂，而且多次投资比一次投资总共花的钱要更多。但是，初期投资小、风险小，也是很多运营商的明智之选。

路径 2 看上去如此复杂，从 4G 核心网到 5G 核心网的切换是很大的原因。好在随着虚拟化和云化基础的逐渐成熟，4G 核心网和 5G 核心网可以合二为一，成为 4/5G 融合的核心网。

5.1.5　我国运营商组网方案的选择

上一节分析了 5G SA 组网和 NSA 组网两类方案。

SA 方案是 5G NR 直接接入 5GC，控制信令完全不依赖 4G 网络，通过核心网互操作实现 5G 网络与 4G 网络的协同。SA 方案的标准于 2018 年 6 月冻结。采用 SA 方案，5G 网络可支持网络切片、MEC 等新特性，4G 核心网 MME 需要升级支持 N26 接口，4G 基站仅需较少升级（如增加与 5G 切换等相关参数），4G/5G 基站可异厂家组网，终端不需要双连接。

NSA 方案要求 4G/5G 基站同厂家，终端支持双连接。基于 EPC 的 NSA 标准已经在 2017 年 12 月冻结。采用这种方案，不支持网络切片、MEC 等新特性，EPC 需升级支持 5G 接入相关的功能，4G 基站需要升级支持与 5G 基站间的 X2 接口。基于 5GC 的 NSA 标准 2018 年底冻结。采用这种方案，5G 网络可以支持网络切片、MEC 等新特性，但 4G 基站需升级支持 5G 协议。

2019 年 6 月 6 日，工信部向中国移动、中国电信、中国联通及中国广电发放了 5G 牌照，意味着我国正式进入 5G 商用元年。与中国广电只能采用 SA 组网不同，其他三大运营商在 5G 网络部署方式上可以有更多的选择。

运营商组网方案的选择应综合考虑建网时间、业务体验、业务能力、终端产业链支持情况、组网复杂度以及网络演进来选择方案，具体分析如下。

SA 方案是目标网络方案：SA 方案和 NSA 方案都可以实现 4G/5G 协同，NSA 与 SA 标准完成时间互有先后，SA 是目标网络方案，可避免 NSA 方案下频繁的网络改造问题。

SA 方案对现网改造量小：基于 EPC 的 NSA 仍需向 SA 方案演进，网络需要频繁改动；基于 5GC 的 NSA 方案需对 4G 基站升级到 e4G，升级改造量大，且异厂家基站间难实现 4G/5G 双连接。

SA 方案的业务能力更强：5G 核心网能支持网络切片、边缘计算等新特性。

SA 方案的终端成本低：NSA 方案下 3.5GHz 频段组合在终端侧存在较严重的干扰问题，为解决该问题将导致终端成本较高。SA 终端由于不涉及双连接等技术，终端相对简单，成本较低。

综合以上分析，我国运营商 5G 网络将优先选择 SA 组网，并通过核心网互操作方案实现 4G 网络和 5G 网络的协同。

对于语音业务，5G 建网初期实现全覆盖相对较难，为避免频繁切换，保持语音连续性，采用 SA 下的 5G 回落 Vo4G 方案。当 5G 网络覆盖性能全面提升并出现有市场需求的重要 5G 业务时，适时考虑 VoNR 等技术方案。

5.2

5G 承载网络

5G 对承载网的需求主要包括高速率、超低时延、高可用性、高精度同步、灵活组网、支持网络切片、智能管控与协同。

基于 5G RAN 架构的变化，5G 承载网由以下三部分构成：

前传（Fronthaul：AAU-DU）：传递无线侧网元设备 AAU 和 DU 间的数据；

中传（Middlehaul：DU-CU）：传递无线侧网元设备 DU 和 CU 间的数据；

回传（Backhaul：CU-核心网）：传递无线侧网元设备 CU 和核心网网元间的数据。

5G RAN 初期优先考虑 CU/DU 合设部署方式，5G 承载网将重点考虑前传和回传两部分，如图 5-15 所示。前传优先选用 eCPRI 接口。

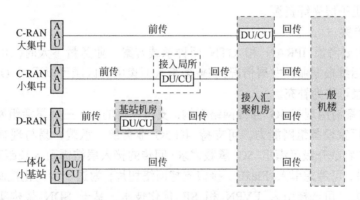

图 5-15　面向不同 RAN 部署架构的承载网络分段

综合考虑本地网光缆网结构和现网基站部署方式，5G RAN 组网方式分为以下四种场景：

C-RAN 大集中：CU/DU 集中部署在一般机楼/接入汇聚机房，一般位于中继光缆汇聚层与接入光缆主干层的交界处。大集中点连接基站数通常为 10 ~ 60 个。

C-RAN 小集中：CU/DU 集中部署在接入局所（模块局、PoP 点等），一般位于接入光缆主干层与配线层交界处。小集中点连接基站数通常为 5 ~ 10 个。

D-RAN：CU/DU 分布部署在宏站机房，接入基站数 1 ~ 3 个。

一体化小基站：指的是 AAU 与 CU/DU 集中放置的小功率基站，主要用于室分系统。

目前运营商 4G 网络已有超过半数基站采用 BBU 集中部署方式，积累了相当的工程建设和维护经验。实际部署时应根据现有光纤资源和机房条件，建设的经济性和运维的便利性，选择 CU/DU 集中或分布部署方案；在资源条件具备和保障无线网络可靠性前提下，优选 CU/DU 集中部署（C-RAN）的组网方式，以节省机房租赁成本，实现基站的快速部署，提高跨基站协同效率。

5G 需要将同步信号传输至 AAU，出于成本考虑，时钟源一般最低部署到 DU 位置，因此前传/回传承载须考虑同步信号的传输需求。

（1）前传方案

在光纤资源充足或 DU 分布式部署（D-RAN）的场景，5G 前传方案以光纤直连为主；当光纤资源不足、布放困难且 DU 集中部署（C-RAN）时，为降低总体成本、便于快速部署，可采用 WDM 技术承载方案。

光纤直连可采用单纤双向，可节约 50%光纤资源，并为高精度同步传输提供性能保障。

WDM 技术承载方案基本思路是采用 WDM 技术节约光纤资源，具体实现形态包括无源 WDM、有源 WDM/M-OTN 和 WDM PON 等三种：①无源 WDM 方案将光模块安装在无线侧 AAU 和 DU 设备上，通过外置的无源合/分波板卡或设备完成 WDM 功能，成本较低，但是维护管理功能弱；②有源 WDM/M-OTN 方案将 AAU 和 DU 连接到 WDM/M-OTN 设备上，通过 M-OTN（移动承载优化的简化 OTN）开销实现维护管理，同时具备保护倒换能力；③WDM PON 方案延续 FTTx 点到多点组网拓扑，AAU 接入 ONU 终端设备或模块化 ONU（SFP+模块），DU 连接到局端 OLT 设备，从而可最大幅度地节省接入主干层光纤资源。

（2）回传方案

5G 回传主要考虑 IPRAN 和 OTN 两种承载方案，业务量不大时，可以采用比较成熟的 IPRAN，后续根据业务发展情况，在业务量大而集中的区域可以采用 OTN 方案；PON 技术在部分场景可作为补充。

IPRAN 方案沿用现有 4G 回传网络架构，支持完善的二、三层灵活组网功能，产业链成熟，具备跨厂家设备组网能力，可支持 4G/5G 业务统一承载，易与现有承载网及业务网衔接。通过扩容或升级可满足 5G 承载需求：回传的接入层按需引入长距高速率接口（如 25GE/50GE 等）；可考虑引入 FlexE 接口支持网络切片；为进一步简化控制协议、增强业务灵活调度能力，可选择引入 EVPN 和 SR 优化技术，基于 SDN 架构实现业务自动发放和灵活调整。在长距离传输场景下，可采用 WDM/OTN 网络为 IPRAN 设备提供波长级连接。

OTN 方案可满足高速率需求，在已经具备的 ODUk 硬管道、以太网/MPLS-TP 分组业务处理能力基础上，业界正在研究进一步增强路由转发功能，以满足 5G 端到端承载的灵活组网需求。对于已部署的基于统一信元交换技术的分组增强型 OTN 设备，其增强路由转发功能可以重用已有交换板卡，但需开发新型路由转发线卡，并对主控板进行升级。OTN 方案支持破环成树的组网方式，根据业务需求配置波长或 ODUk 直达通道，从而保证 5G 业务的速率和低时延性能。ITU-T 正在研究简化封装的 M-OTN 技术和 25G/50G FlexO 接口，用于降低 5G 承载 OTN 设备的时延和成本。

PON 方案适用于 CU/DU 同站址部署在基站机房，或 CU/DU/AAU 一体化小站部署时的回传需求，需要支持 10Gbps 及以上速率，可利用 FTTH 网络的 ODN 及 OLT 设备，实现低成本快速部署。

（3）核心网承载方案

相对于 4G 核心网，由于网络云化及 MEC 的引入，5G 核心网的主要功能部署于省中心的区域 DC，且部分功能将下沉到城域网，包括城域核心 DC、边缘 DC，甚至接入局所，这就需要承载网提供更为灵活的组网功能。5G 核心网元在省内的互联由回传网络统一提供，省际互联方式需与 DC 间互联网络统筹考虑。

5.3

5G 网络演进策略

5G 核心网的设计融入了 SDN、NFV、云计算的核心思想，具备控制与承载分离的特征。控制面采用服务化架构，以虚拟化为最优实现方式，能够基于统一的 NFVI 资源池，采用虚机、虚机上的容器等方式实现云化部署、弹性扩缩容，同时有利于方便灵活地提供网络切片功能；通过用户面功能（UPF）下沉、业务应用虚拟化，实现边缘计算。用户面功能可根据性能要求和 NFV 转发性能提升技术的进展，基于通用硬件（x86 服务器或通用转发硬件）或基于专用硬件实现。

5G 无线网短期内由于 DU 难以虚拟化，CU 虚拟化存在成本高、代价大的挑战，采用专用硬件实现更为合理；从长远看，随着 NFV 技术的发展，根据业务和网络演进的需要，再考虑实现 CU 等功能的虚拟化。

5G 网络通过全网统一的协同编排层，实现与其他专业网络的协同编排和能力开放。

从移动通信技术发展规律来看，5G 技术和产业链的发展成熟需要一个长期过程。5G 网络建设初期，2G、3G、4G、5G 网络将并存，即使在 5G 网络的成熟期，4G 和 5G 网络仍将长期并存，协同发展。

未来 5G 将与云计算、物联网等新型能力和网络相结合，实现与垂直行业的跨界融合，在电力、物流、银行、汽车、媒体、医疗、智慧城市等领域创造全新业态，为行业开拓巨大的价值增长空间。未来可通过精确定位目标市场，有效提高 5G 投资回报。

网络演进将综合考虑业务需求、业务体验、技术方案的成熟性、终端产业链支持、建设成本等因素。

（1）无线网络演进策略

考虑到网络演进、现网改造、业务能力和终端性能等因素，优先选择独立组网 SA 方案。

基于 SA 组网架构，5G 发展初期主要采用部署成本低、业务时延小、规划与运维复杂度低、建设周期短的 CU/DU 合设方案。

结合实际部署场景和需求，首先在热点高容量地区优选 64 端口 192 阵子的大规模天线设备提升系统容量和覆盖。

中远期按需升级支持 uRLLC 和 mMTC 业务场景，适时引入 CU/DU 分离架构。

（2）核心网络演进策略

5G 网络采用 SA 组网方案，通过核心网互操作实现 4G 和 5G 网络的协同，初期主要满足 eMBB 场景需求。

基于服务化架构的 5G 核心网将采用云化部署，控制面集中部署，对用户面转发资源进行全局调度，用户面可按需下沉，实现分布式灵活部署，体现网络即服务理念，支持如下特性。

支持端到端的网络切片技术，实现网络与不同业务类型的匹配、精准服务垂直行业的个性化需求；

支持边缘计算技术，重点服务低时延、本地大流量业务的需求，解决边缘计算在 4G 网络应用中存在的用户识别、计费和监管等问题，为创新边缘计算的盈利模式做好技术准备。

5G 核心网应具备语音业务的承接能力，初期采用从 5G 回落到 4G 网络的方案，通过 Vo4G 技术提供语音业务。

随着标准和技术的逐步演进和完善，5G 核心网将按需升级支持 mMTC 和 uRLLC 场景。推动多网融合技术发展，在多网融合技术和产业成熟后，适时考虑 5G 核心网支持多种接入方式的统一管理和统一认证，实现多种接入网络之间的数据并发或数据调度，保持业务和会话的连续性，发挥多网融合优势。

思考与复习题

一、单选题

1. 以下属于 5G 独立部署方式的是（　　）。
   A. Option3　　　　　　B. Option4　　　　　　C. Option7　　　　　　D. Option2
2. 5G SA 组网方式，核心网是以下哪一个（　　）。
   A. EPC　　　　　　　　B. 5GC　　　　　　　　C. AMF　　　　　　　　D. MME
3. 以下哪个属于 SA 组网的优点（　　）。
   A. 按需建设 5G，建网速度快，投资回报快
   B. 需要独立建设 5GC.核心网
   C. 标准冻结较早，产业相对成熟，业务连续性好
   D. 支持 5G 各种新业务及网络切片
4. 以下哪个属于 NSA 组网的优点（　　）。
   A. 独立组网一步到位，对 4G 网络无影响
   B. 难以引入 5G 新业务
   C. 标准冻结较早，产业相对成熟，业务连续性好
   D. 支持 5G 各种新业务及网络切片
5. 以下属于 5G 独立部署方式的是（　　）。

A. Option 2   B. Option 3   C. Option 4   D. Option 7

6. 以中国移动为例, 当 5G 以 NSA 组网部署时选用 （　　） 模式。

A. Option 2   B. Option 3x   C. Option 3   D. Option 7

二、简答题

1. 简述当 5G 网络采用独立组网时, 与非独立组网相比的优势。
2. 简述当 5G 网络采用独立组网时, 与非独立组网相比的劣势。

第**6**章

5G 赋能应用

6.1

5G 赋能智慧城市

所谓智慧城市，是利用先进的信息技术和科技手段实现城市的可持续发展，为城市管理者对于城市可持续发展的需求提供最佳解决方案。

目前全球人口约 50%生活在城市，随着城镇化进程的不断加快，预计到 2050 年这一比例将超过 70%。随着人口在城市的不断聚集、新的大都市和城市群相继形成，交通拥堵、环境恶化、资源匮乏、居民生活质量下降等问题日益凸显，如何实现城市的可持续发展成为城市管理者关心的议题。

同时，信息和通信技术正在全球呈现日益加速的发展趋势，5G 网络、物联网、云计算、大数据分析、新一代地理信息系统等一系列关键技术逐渐从理念到落地，催生出了众多新兴的城市应用场景和创新管理模式，使得城市的数据化和智能化管理得以实现，从而有效解决城镇化进程所带来的各种难题，为智慧城市建设奠定了基础。

智慧城市建设对网络带宽、网络覆盖及网络速度等网络基础设施提出了多层次要求。智慧城市规划时，都将网络通信作为智慧城市除了物理设施之外的另一重要基础设施。

（1）智慧城市的总体架构

智慧城市的总体架构可概括为四个层面：感知终端层、通信网络层、平台服务层和城市应用层，如图 6-1 所示。

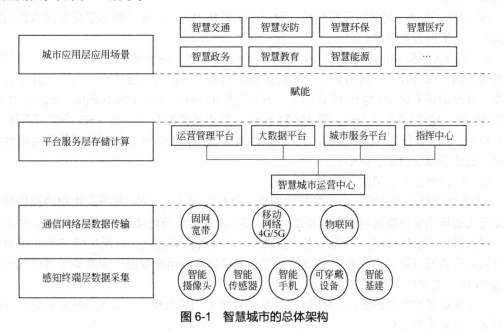

图 6-1　智慧城市的总体架构

感知终端层：通过技术手段对传统基础设施（例如水、电、气、道路、交通枢纽等）进行智能化及数字化的改造，获得可感知终端运营数据；

通信网络层：是通信网络基础设施，包含固网宽带、移动网络、物联网、专用网络等，作为信息数据传输的管道；

平台服务层：是数据平台基础设施，用于储存、交换和分析处理数据信息；

城市应用层：面向用户，借助通信网络与云计算、人工智能等基础技术，可构建或优化大量通用技术，通用技术与垂直行业场景的结合，可赋能智慧城市下不同领域的应用场景，如智慧交通、智慧安防、智慧环保、智慧医疗、智慧治理、智慧能源，等等。

要实现智慧城市的诸多应用场景，终端数据采集、通信网络数据传输、数据存储计算缺一不可。其中通信网络作为连接数据采集端和处理端的通道，扮演着十分重要的角色。随着物联网终端在基础设施中的大规模应用，海量数据仅依靠固网宽带和 4G 网络作为数据的传输难以全面支撑未来智慧城市场景的需求。

固网宽带线路布设和替换成本高、灵活度低；4G 网络带宽小、时延长；5G 超高速率、超低时延、超大连接特性，是实现智慧城市人、机、物万物智联的基础。

（2）5G 契合智慧城市多场景对网络差异化需求的特征

5G 网络不是 4G 网络的简单升级，以 5G 为基础的"泛在传感连接网络"承担着万物联网、互联互通的纽带和桥梁作用。

① 5G 为物联网而生

3GPP 定义了 5G 的三大应用场景：eMBB（增强型移动宽带）、mMTC（海量机器类通信）、uRLLC（超可靠、低时延通信）；其中有两个是面向物联网的，mMTC 应对万物互联需要大量连接，uRLLC 兼顾通信质量和低时延，eMBB 保障了互联终端产生大量数据向云端高速传输。

5G 网络不是 4G 网络的简单升级，而是未来网络的迭代变革，跳出了仅面向人提供服务的范畴，面向万物互联。

5G 采用大规模 MIMO（多输入多输出）、非正交多址、同时同频全双工、毫米波通信、超密集组网、边缘计算、网络切片、动态自组织网络等一系列关键技术，极大提升了网络性能，其峰值速率比 4G 提升 10 倍以上：5G 可达 10Gbps，而 4G 为 1Gbps；其时延比 4G 缩短 50 倍：5G 时延可达 1ms，而 4G 为 50ms；其连接数提升 100 倍：5G 小区可连接 10 万个终端，而 4G 仅为 1000 左右。5G 性能的大幅提升，为多种业务创新提供了可能性，为良好的业务体验奠定了基础。

② 5G 网络服务化架构

4G 及以前移动通信网络设备多是软硬件一体化专用通信设备，基于此构建的通信网络日益无法适应上层网络应用不断创新的需求。5G 网采用服务化架构，即通过 NFV 将核心网中网元进行软硬件解耦，实现系统功能软件化和硬件资源池化，从而使能 5G 网络根据需求灵活配置网络资源。5G 带来的万物互联和多样化的应用场景进一步推动了其核心网络向 SDN 化、虚拟化、云化、智能化的发展。

除了网络架构部署的变化，5G 网络采用切片技术和边缘技术，实现服务要求更贴近用户需求、定制能力更强。

③ 5G 切片技术

5G 网络切片是通过在同一网络基础设施上按照不同的业务场景和业务模型，利用虚拟化技术，将资源和功能进行逻辑上的划分，进行网络功能的裁剪定制，网络资源的管理编排，形成多个独立的虚拟网络，为不同的应用场景提供相互隔离的网络环境，使得不同应用场景可以按需定制网络。

网络切片是 5G 独立组网（SA）核心网建设的关键特征，5G 网络切片技术可以为不同的应用场景提供相互隔离的、逻辑独立的完整网络，实现行业专网要求。借助网络切片，可以实现公网专用，为智慧城市不同垂直行业提供 5G 智能化专网解决方案。方案有三种：虚拟专网、融合专网、物理专网。

虚拟专网：针对业务需求与公网业务差异小或有临时需求的客户，通过共享公网的无线接入资源，利用端到端网络切片等方式，低成本、快速部署满足行业客户专用业务。主要应用场景：针对媒体客户重大赛事转播时，可通过网络切片临时快速配置大宽带网络满足高清直播要求。

融合专网：针对行业业务需求与公网有一定业务差异的客户，通过复用 5G 公网部分无线接入资源，通过授权使用的频率资源，在网络侧，根据业务隔离和可靠性需求进行进一步定制的方案，满足行业业务要求。主要应用场景：医院、交通集散枢纽等，既有普通病人、旅客公网通信需求，同时针对医院、交通枢纽运营方，商户有特定专网需求，通过在终端下沉，实现用户数据分流；或通过物理和虚拟专网融合的方式满足差异化需求，比如设立独立的内部核心网，复用公网接入空口等。

物理专网：针对可靠性、私密性要求极高的行业客户，采用无线设备和频率专用的方式，建设与公网数据完全物理隔离的行业专网，满足灵活定制、高可靠、高隔离性的相对封闭的行业应用专网。主要应用场景：政府机构、工业园区通过设立独立网络设施实现物理专网。

④ 边缘计算

所谓边缘计算，如图 6-2 所示，在网络边缘搭建智能设备的计算体系，海量数据属地处理，避免广泛采集智能终端大量数据传送到核心网处理所带来的带宽浪费和延迟，形成功能层次分明、高效集约的云服务布局，实现智慧城市应用的集约建设、快速部署与敏捷响应。

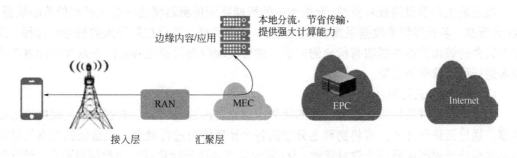

图 6-2　边缘计算位置在网络所处位置

5G 借助 MEC 构建边缘智能，以本地服务为立足点，让"云"端处理能力下沉，离本地数据更近，形成云边协同的新型基础设施，如视频监控场景，视频流集中在边缘侧实时处理，与全部上传至服务器处理或者摄像头就地处理相比，有效降低成本，提升响应效率。

边缘计算具有明显的四个优势及主要对应场景：

降时延：AR/VR、自动驾驶、云游戏；

省传输：视频监控分析；

高隔离：医院/工厂/校园本地网；

强感知：智慧网络（覆盖优化、智能管理）。

6.1.1　5G 与多种技术融合，实现智慧城市协同智能

传统的城市智能主要体现在以垂直智能体系为主，各行业及领域分散化、碎片化的智慧建设使得信息不互联、数据不互通，容易形成信息孤岛、数据烟囱，甚至"智能烟囱"。随着 5G 网络的普及，以及与大数据、人工智能、物联网、云计算、MEC（移动边缘计算）新一代信息技术的融合发展，将打破传统智能的桎梏，重构城市智能体系，形成"端-边-枢"（末端感知智能、边缘计算智能、中枢决策智能）全域一体的新型城市智能体系。

（1）5G 融合物联网

5G 融合物联网，开启万物智联，从需求场景出发，辐射所有末端感知节点（除了电脑、智能手机、智能摄像头以外，还有更多多样化的智能终端，例如智能机器人、智能电表、智能井盖、工业智能模组等如智能灯杆、环境监测设备等），助力全域数据采集，满足感知设备对网络能力的更高要求，建立起互联互通、实时共享的城市"神经末梢"，带来海量数据。

（2）5G 融合人工智能（AI）

在智慧城市的各个应用场景下，以深度学习为代表的人工智能技术快速普及，将机器人、语言识别、图像识别、自然语言处理等 AI 技术，注入智慧城市的泛在连接中，推动城市管理者的管理决策科学化和公共服务智慧化。

5G 满足海量智能设备的并发接入需求以及设备之间虚实互动的毫秒级响应，进而推动多场景 AI 应用落地，实现万物智联。

（3）5G 融合大数据分析

数据是未来重要的战略资源，而城市中的智能终端传感器将会产生大量有价值的数据。5G 大带宽、多连接使能数据采集、数据融合、数据建模、数据挖掘等大数据分析过程，从繁杂冗余的城市数据中提取有价值的信息，能够实现数据价值化并及时有效地辅助城市管理者进行科学管理与决策。

（4）5G 融合云计算

云计算具有弹性计算、按需计费的优势，信息资源通过"云"能够被最大程度统筹和共享。通过云计算技术，可将物理上分散的各个计算能力进行融合，以最低的成本为城市数据储存及处理实现最高的效益回收。5G 的大带宽会让云计算存储的数据量更大，低延时会让数据上传更及时，更大的负载能力使更多 IoT 设备连接到云上，促进云边协同，使业务更加高效。

下面来讲述 5G 在智慧城市中的应用，包括交通、安防、环保、医疗、城市治理等。

6.1.2 5G 在智慧城市中的应用场景

智慧交通，提升交通安全与疏导效率

使用 5G 技术的 V2X（车联网），使得车辆与外界通信手段日益丰富，形成"用云管端"一体化的通信、监管、决策网络以及新型交通架构，如图 6-3 所示，为智能交通新应用场景的实现创造有利条件并赋能。随着 5G 技术的不断升级，智能交通的落地场景也将逐渐从封闭或用户体验的场景、特定路段的远程控车和编队行驶向开放路段自动驾驶以及智能城市整体交通管控发展。

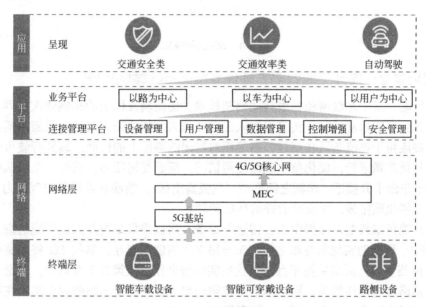

图 6-3 车联网架构

应用场景 1：远离危险场景，降低安全的 5G 远程控车

远程控车：通过 5G 网络将控制室与被控车辆远程连接后，如图 6-3 所示，挖掘机上的摄像头实时采集图像，并经过 5G 网络回传到控制端的屏幕；控制端操作人员（驾驶员）从远端的控制室通过手柄操控挖掘机内的控制系统完成加减速、转弯、并线等一系列操作，实现远程驾驶，如图 6-4 所示。利用远程控车技术，在矿区及灾害现场等危险环境，驾驶员无需亲临现场，只要在操控室操作无人车辆即可将车辆驶入目标地点，完成任务，以免造成不必要的人员伤亡事故发生。

远程控车要求车端图像数据能从 OBU 及时传输到控制室，因此对上行带宽有较高要求。4G 环境下，上行带宽通常在 50Mbps 以下，导致驾驶端展示的视频清晰度低且延迟较长（超过 100ms），卡顿严重，具有较大安全隐患。

在 5G 环境下，上行带宽可以达到 100～200Mbps，相同条件下的图像传输延迟可以被

降低到 30ms 以下，增加了远程控车的可实现性。

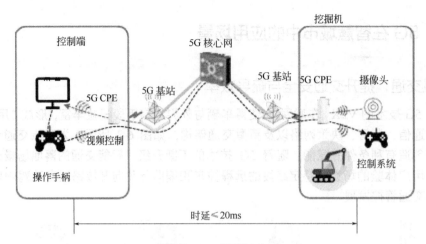

图 6-4　5G 远程控车

应用场景 2：提升交通效率，环保驾驶的 5G 编队行驶

编队行驶：基于车联网和初级自动驾驶技术，使两辆及以上的车辆依次排列，以预设车距尾随领头车辆自动行驶，头车可为人工驾驶或人工辅助无人驾驶，跟随车辆则为无人驾驶，主要应用于物流车队在高速公路等相对封闭的路段上的行驶。编队行驶可以释放更多车道给其他车辆通行，优化整体道路使用情况，缓解交通压力。同时，在编队行驶的状态下，由于车距十分接近，车辆之间形成"气流真空区"，能够有效降低空气阻力，减少燃油消耗和二氧化碳排放，实现低油耗的环保驾驶。

物流运输货车装配车载摄像头、雷达等设备，用以采集车内及周边环境信息，而车载单元（OBU）则帮助实现车与车之间和车与路之间的信息交互。车载 5G 终端将所获信息通过 5G 网络上传，后端监控平台基于这些实时信息作出决策并下发指令，辅助领头车辆驾驶员识别路况与操作驾驶。后方车辆则按照一定的秩序和规则跟随领头车辆在高速公路上自动进行同步加速、减速、刹车，转弯等操作。

据测试，基于 5G V2X 方案中，前车和后车指令传输的端到端时延最低可以控制在 5ms 以内，而 4G 则难以达到同等时延水平。

应用场景 3：解放人工、提升出行体验的 5G 自动驾驶

自动驾驶：由于单车智能具有改造成本高、盲点多等局限性，故自动驾驶通过车路协同实现，用 C-V2X 来弥补单车感知存在的缺陷；通过在路侧布设摄像头、雷达、传感器以及路侧单元（RSU）更为详尽立体地获取周边车辆、行人及道路情况，同车上 OBU 通信联动，形成车路信息协同，在路口汇车、视距碰撞等复杂紧急情况下向车载电脑进行预警，辅助其做出更为精准的自动驾驶决策和判断；同时采集的车内路侧信息也将通过 5G 网络传输至后端，如图 6-5 所示，经由云平台处理分析后对车速、油耗和线路进行优化，最大程度改善行车效率。V2X 技术可以将不同车辆接入统一云平台管理操作，同时路侧设备所采集的数据信息可以供多台车辆共享，因此可以降低自动驾驶的平均落地成本。

自动驾驶将需要将海量的数据进行实时传输，同时在车辆高速行驶的状态下需要对收到的信息进行毫秒级的处理和操作判断，4G 网络难以满足。未来，5G 网络、单车智能与 C-V2X 相结合，将帮助车辆实现车路协同、视距和非视距防碰撞、安全精准停车、智能车速线路策略等应用场景，真正达到全自动驾驶的水平，提升出行体验。

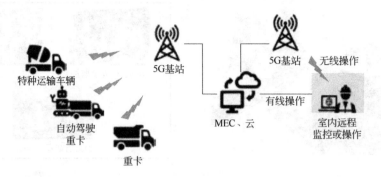

图 6-5　5G 自动驾驶

应用场景 4：提高通行效率的 5G 交通管控

城市道路将安装大量摄像头、微波与气象检测器、智能信号灯和电子路牌等设备用以获取路面积水结冰、雾霾雷雨天气、道路施工维护、紧急事故拥堵等实时信息，路侧单元与车载单元实行车路协同联动，将车辆与道路信息经由 5G 网络上传至智能交通管控云平台进行分析。平台会通过 5G 和 C-V2X 网络将决策信息再下发给车辆与行人，帮助交通部门实现恶劣天气和道路施工、限速、拥堵等情况预警、车辆违章行驶监管以及交通流量统一调度等功能。

智能交通管控所涉及的信息丰富繁杂、数据量庞大，统一的中心云平台在时延、效率等方面都较难满足需求。通过在路侧布设边缘云设施，采集的数据可以就近在本地完成处理和传输，大幅降低时延性，适用于对诸如紧急制动、安全停靠等业务进行快速决策，而中心云平台则主要负责汇聚各类信息，实现路径的整体动态规划、管控以及驾驶行为分析。网络切片技术则可将 5G 物理网络划分为多个虚拟网络，按照不同业务需求进行划分，以灵活应对不同应用场景。

应用场景 5：5G 智慧公交

所谓 5G 智慧公交，利用 5G 网络及视频监控等设备，实现对公交车、出租车和城轨列车的调度和管理，对公交车、公交车站、城轨列车和城轨车站的安防监控，如图 6-6 所示。5G 智慧公交解决方案，可以提升公共交通系统运行效率、运行安全、用户出行体验，推动公共汽电车、城轨列车生产厂商及零部件供应商向智能化、网联化、数字化方向转型升级和发展。

6.1.3　智慧安防，全时空高效保障城市安全

随着人工智能、VR/AR、高清识别的发展，大规模布设的安防监控设备逐渐变得更加高清化与智能化，而与之伴随的则是海量设备的联网接入并产生庞大的数据。4G 网络难以

承载。5G 的大带宽满足超高清视频传输的需求，5G 的低时延利于对无人机或机器人等移动巡检设备的远程操控以及应急事故的布控、指挥和处理，5G 的海量连接足以支撑诸如危险物品监控、重要物资监控等覆盖整个城市的立体安防监控系统。

图 6-6　5G 智慧公交

5G 网络物理上是一张网，但逻辑上通过网络切片，可以为不同行业提供差异化的服务。5G 智能安防网络解决方案由感知层、网络层、平台层、应用层四部分构成，如图 6-7 所示。

感知层：原有视频监控设备全面升级至全景、4K 及以上清晰度，通过海量的物联网终端接入提供多维度的信息采集，5G 网络加速无人机和机器人的商用普及，协助安防实现立体化的视频监控和信息监测，各类边缘计算能力也被部署至感知层。

网络层：依托 5G 大带宽、高可靠低时延、海量连接的网络接入和承载，同时 5G 网络切片，可为客户建立专用可靠的虚拟通道，保障客户视频大数据传输的安全及效率。

平台层：统一平台、云端部署、数据融通。云端实现大数据的深度处理和深度分析，为各政府各管理部门、各行各业提供内部数据共享并支撑决策。

应用层：依托统一的云端大数据，应用将更丰富、更智能化。

| 政府 | 应急管理 | 综治 | 交通 | 环保 | 港口 | 工业制造 | 公众 | 物流 | ...... |

应用层

| 实时视频监控 | GIS地图 | 人脸识别 | 车辆识别 | 立体化管控 | 协同通信 | 远程操控 | 融合指挥 |

平台层

资源管理	解析管理	接入网关	算法仓库	信息库服务
流媒体转发	解析任务管理 算力调度	图片与视频接入网关	人脸检测 人群检测	布控特征库服务
录像存储	解析流水线调度	感知接入网关	人脸解析 密度解析	静止特征库服务
视频接入	业务管理	算法模型扩展升级	车辆检测 车辆解析	时空特征库服务
传感接入	设备管理 用户管理	算法模型版本管理	危化识别 污水识别	结构化信息库服务
	音视频管理 消息管理	算法模型升级	路害监测 装备识别	路害信息库

网络层

| 4G/5G传输网络 | NB-IoT传输网络 | eMBB切片网络 | MEC边缘计算 |

感知层

| 无人机 | 监控摄像头 | 单兵/执法仪 | VR/AR | 传感设备 | 智能识别终端 | 机器人 |

图6-7 5G智能安防网络组网图

应用场景1：节省人力成本，维护公共安全的5G安防巡检机器人

一个安防巡检机器人可以覆盖800～1000m长的路段区域，并可持续工作7～8h。机器人上装有云台摄像机、360度环视全景摄像机（6～7路摄像头）以及热成像设备，巡逻的过程中机器人通过5G网络实时将多路高清视频与图像传回后方公安部门监控平台，并利用算法对人脸与行为进行人工智能识别。此外，所拍摄的周边环境影像也将用以机器人自身行驶路线的制定，配合装配的激光雷达、GPS以及各类传感器，对于行驶周边的障碍物、人流等进行自动规避，完成自主导航巡检。在巡逻的过程中，机器人也可以实时与后方监控室或就近岗亭的警察进行移动语音对讲联动，辅助警方到现场处理突发事故或案件。

受益于5G网络大带宽、低时延的优点，公安部门人员基于机器人上传的高清视频和图像对于周边情况作出判断，并通过5G网络将操作决策下发至机器人并对其进行实时操控。4G网络只能做到720P的分辨率，无法满足高清视频的回传和人脸识别的分析需求。

应用场景2：5G AR（增强现实）移动警务

AR移动警务以5G网络为基础，通过全新的AR与人工智能技术相结合的移动单警装备，例如移动警务终端、执法记录仪、移动车载以及警用穿戴设备等，与后台公安内部移动警务信息管理平台联动，为警务执法、打击犯罪、维护人民的生命财产安全提供了强大的技术支持。

新型的AR智能警务头盔和眼镜将代替传统的单兵执法设备，以执法人员的第一视角在真实空间中看到实时叠加的3D或全景的现场信息，并将采集到的高清视频及画面实时通过 5G 网络上传至中心云平台或边缘云服务器。而 AI 识别分析系统能够对上传的视频流和图片进行快速解析，提取出人脸与车辆等信息，并实时与行业用户业务系统中的各种数据库进行比对核查，识别出诸如危险可疑人物、违法违章车辆等目标。5G 的大带宽、低时延性使 AI 识别的速度小于 2s，全面提升警务处理的效率和质量。

应用场景 3：深入特殊地形，360°无死角巡查的 5G 无人机安防

无人机具备快速、高效、灵活的调遣能力，尤其在工作人员难以直接到达的特殊地点，无人机更可以充分发挥其机动性强的优势，快速抵达任务地点。目前通过 WIFI 加密控制的无人机大多仅能在视距范围内飞行，而接入 5G 网络的无人机则飞行范围更大，并且其信号较难被黑客干扰截获。

如图 6-8 所示，借助 5G 的大带宽，无人机可以传输高清摄像头拍摄的 4K 以上超高清视频，进而实现后续的人工智能识别等操作。现场所获取的图像和数据信息既可以实时回传至后方指挥中心平台，第一时间向指挥人员提供现场情况信息，也可以与地面指挥车相结合，实时将视频、图像等信息传送到指挥车大屏，并通过现场指挥车进行移动指挥。

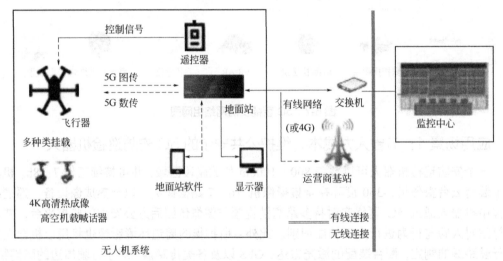

图 6-8　5G 无人机安防组网图

5G 无人机安防的优势分析如下。

① 无死角：无人机在空中不受地形和视线的限制，可以 360°无死角对任何区域进行监视。

② 效率高：无人机飞行速度高，不受任何地形限制，大大提高了巡查效率。

③ 全局监控：无人机搭载高清热成像相机，宏观视角，提升全局把控能力。

④ 快速机动，应急响应：在遭遇突发事件时，利用无人机的快速机动能力，快速到达现场，图传现场图像。

应用场景 4：智慧警务

目前城市人口多，流动性大；然而通常人工监控和日常巡逻，占用大量警力，导致警

力资源不足；而且公安部要求出警速度快，3 分钟到现场。而现有的警务系统，信息处理能力弱：违法时间不能及时发现；监控视频需要人工判断警情；执法现场无法准确识别嫌疑人，错失抓捕机会。

要实现智慧警务，改善信息处理能力弱的难题，如图 6-9 所示，需部署 5G 基站，实现区域信号全覆盖；利用摄像头、无人机等采集视频实时上传；利用 AI 识别实现回传视频智能识别分析，发现警情自动告警上报指挥中心，就近调度。充分将 5G 大带宽能力和警务的无人机以及视频监控、AR 巡逻、AI 人脸识别/车牌识别、综合情报指挥系统等结合，实现立体化巡防。

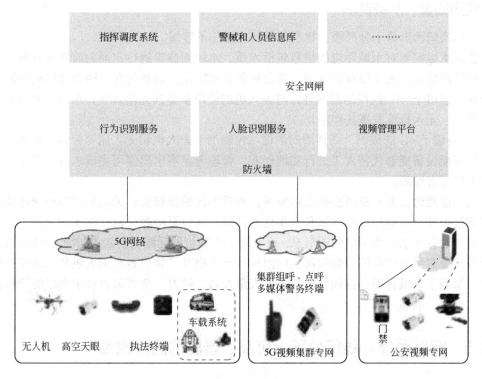

图 6-9 5G 智慧警务

6.1.4 智慧环保，生态监管有抓手

环境的治理是国家实现可持续发展的基础。传统的环保监测手段在地域覆盖、时间频次上均有不足，借助 5G 环保监管模式将进入新时代。

海量连接的特性使全市的环境数据资料可以同时汇集到环保部门的数据库，让部门统一全面地进行管理；5G 大带宽支持高清影像信息的传输，提高了信息的辨别性，使采集到的环境图像信息更加有效；而 5G 低时延保证了即时的输送信息，方便相关部门及时做出反应。同时，5G 的低时延满足了智能设备对于网络传输的要求，使无人机和无人船等智能设备能够有效应用在实际的监测工作中，两种设备具有高机动性和全自动化的特性，管理人员足不出户便可得到全面、精确的监测数据，如图 6-10 所示。

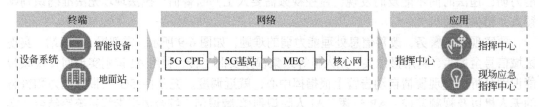

图 6-10 智慧环保架构图

应用场景：水域监测

水污染防治形势十分严峻，智慧环保的应用刻不容缓。

监测水域需要对水域环境的信息包括水质、水域图像等进行定期的收集并分析。但一般水域范围较大，人工检测速度慢，部分死角无法触及，虽然现在已经有高机动性的无人机出现，但由于 4G 网络的局限性，对无人机的使用多是预先输入飞行路线，数据也不会实时回传，无人机难发挥其作用。

5G 突破了 4G 的限制，高清即时的信息传输加上无人机和无人船等智能设备的高机动性，使智能设备能够代替人工进行实地作业，管理者足不出户便可完成水域的空中、水面和水下的三方监测。

实际监测时，无人机可根据实际需求，搭载不同的摄像头；无人船的高清摄像头和水质检测仪可在水面巡航过程中采集水质信息并同步回传至检测平台；在水面之下，无人机可配合声呐得到水下地形地貌的信息，也可对水下的可疑问题进行定点排查。5G 网络的低时延和大带宽特性使高清图像能够实时回传，大大提高了管理者对无人机和无人船的精准控制，增强了水域管理的智能性，节省了大量人力、物力，使管理者对于水域的检测更加全面、即时、准确。

6.1.5　智慧医疗，践行公平、可及、普惠的医疗改革

跟大城市相比，许多偏远地区的医疗服务质量并不理想，患者往往会跨省就医，根据国家医疗保障局发布的数据，2018 年全国跨省异地就医住院 132 万人次，是 2017 年的 6.3 倍。跨省就医的患者家庭不仅要承担治疗费用，还要负担交通成本。人们渴望在居住地就能便捷地享受到优质的医疗资源的需求，是智慧医疗快速发展的强劲动力。

智慧医疗就是利用物联网技术进行信息化，实现患者与医务人员、医疗机构、医疗设备之间的互动。使用 4G 远距离传输 720P 或者 1080P 的视频数据时，卡顿较为严重，难以满足远程医疗场景的需求。而 5G 网络高速率的特性，能够支持 4K 甚至 8K 的医学影像数据的高速传输与共享，提升了诊断准确性，使远程高清会诊成为可能；高清低时延的数据传输和共享功能，延伸出如机械臂等相关技术的应用，和患者身处异地的专家，通过机械手臂，能够对患者完成远程诊疗的操作，免去患者跨省市的奔波。

2020 年、2021 年年初爆发的新型冠状病毒疫情对我国重大疫情防控机制、国家公共卫生应急管理体系带来了严峻考验。相较于 4G，5G 网络利用其高速率、低时延、广连接等

特点，再结合大数据、人工智能、云计算等通用技术，能够有效应对疫情防治诊疗中的实时数据挑战，为抗疫各环节的筛查、诊疗提供新方法和新思路。智慧医疗架构图如图 6-11 所示，包括终端层、网络层、平台层和应用层。

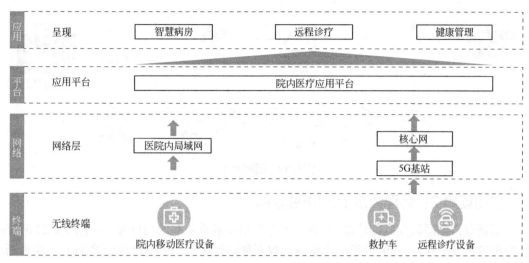

图 6-11　智慧医疗架构图

应用场景 1：打破医患之间时空的界限的 5G 远程诊疗

医生在诊断和治疗的时候，不仅需要自身的医疗经验，还需要各种医疗器材进行辅助。4G 的传输速度局限性，使医生无法远程操纵医疗设备和工具，也无法实时接收患者端高清的影像数据，因此远程诊疗无法落地。

例如，超声检查较为依赖医生的经验判断，腹部的超声筛查的动态影像数据高达 2GB，4G 网络无法即时、高清地传输这些影像数据，而 5G 网络低时延和大带宽的特性使患者端影像清晰实时地展现在指导医院的医生面前，指导医院的医生控制操作千里之外的机械臂，通过机械臂上探头的移动和旋转，为基层患者进行检查和诊疗，低时延的特性使机械臂反应迅速，医生使用机械臂如同使用自己的双手，如图 6-12 所示。

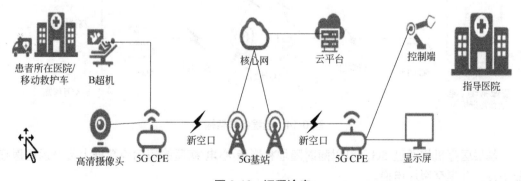

图 6-12　远程诊疗

远程手术的场景中，5G 满足了手术对于网络低时延和大带宽的苛刻要求。指导医院的医生坐在机器面前，接收患者端实时传送的高清视频画面，再远程操纵机械手臂，利用机械手臂远程控制手术刀等手术器具，如图 6-13 所示。手术中内脏的纹理和跳动的规律均可清晰、真实地呈现在远方的医生端。远程手术避免了患者的奔波，免去患者去外地就医时额外的花费，更为患者赢得宝贵的时间和生存的机会。

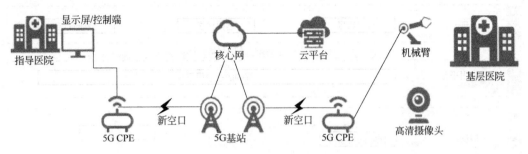

图 6-13 远程手术

应用场景 2：远程会诊/远程影像诊断

据调查占全国医疗机构总数 8% 的三甲医院却承担着 46% 的门诊量，而全国有 24.6% 的影像患者离开居住地 200 公里以上就诊。故开展远程医疗，提供远程会诊/远程心电诊断/影像诊断等服务是非常迫切的民生需求。

实现的架构如图 6-14 所示。

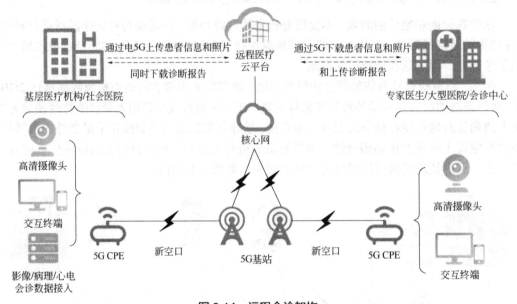

图 6-14 远程会诊架构

基层医疗机构通过 5G，可以随时随地将影像/心电/病理的病例等数据上传至远程医疗云平台，并提交阅片申请。

基层医疗机构可通过远程医疗云平台向对端二三级医院发起远程会诊申请，基于 5G 高速率特性，实现 4K 甚至 8K 的超高清视频会诊，进行病例及高清晰影像浏览。

专业的大型医疗机构或专家医生，通过平台可以及时处理基层医疗机构的阅片请求，帮助基层医疗机构提高医疗服务水平和诊断能力。

相关病例资料，可利用边缘云进行沉淀数据，后续可开展专科、多学科的专家会诊，既提升医学研究水平，也更好地提升医院行业影响力。

应用场景 3：远程手术示教

通常基层医疗机构/医学院学生医疗水平及经验有限，缺乏专家指导，诊疗水平提升缓慢，亟需高质量的手术视频巩固学习。

以往大型医院/专家医生提供的示教/指导交互视频清晰度不够，时延较高，无法满足教学要求。目前以 5G 网络为载体，以 360°全景、多角度全程实时记录的手术现场示教影像，通过手术示教/指导直播云平台实现 4K 以上的高清直播/点播，可为医护人员提供远程 AR/MR 手术教学、VR 沉浸示教观摩等交互式医疗培训服务。

如图 6-15 所示，在手术/临床诊断现场的术野画面、音频及其他信息通过云端平台到专家医院侧，专家侧可通过 VR 眼镜、高清显示屏等设备，得到多维度、多层次的远端现场信息，来更好地进行远程手术示教指导。

正在进行手术或诊疗的医生，可通过 VR 眼镜获得指导，专家在医生视野内圈定标注便于沟通，也可用于帮助基层医生完成异地实习。

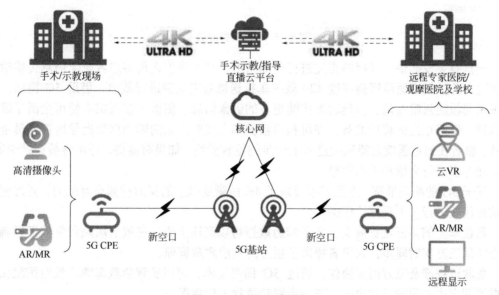

图 6-15　远程手术示教

应用场景 4：远程急救

以前在大型活动现场往往会在园区布置多个医疗站点，如果有人突发疾病，可先在医疗站点进行初步诊断，再让救护车运送到就近医院进行进一步的诊断治疗。但是站点、救护车和医院之间对于患者病情信息需要进行对接，耽误救治时间。

目前医院已经可以在急救车上安装 4K 高清摄像头、车载监护仪（呼吸器、远程超声等设备），使患者在救护车上能够得到更加全面的检查。借助 5G 可形成医疗点、救护车、

就近医院、远端专家的多方联动，突破空间的界限，争分夺秒抢救患者的生命，如图 6-16
所示。

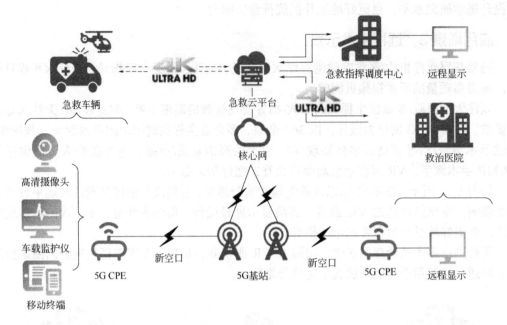

图 6-16　5G 户外急救

一旦有突发病情，医疗站点先进行现场救治，站点医护人员将患者影像信息传输给就
近医院，并让就近医院即刻调度 120 救护车接送患者去医院进行救治。借助 5G 网络，救
护车可向救治医院高清、低延时地传输更多的影像信息，使医生在医院中便可全面了解患
者病情，做好相应的接诊准备，并可利用救护车上实时传来的影像信息指导医护人员进行
抢救。患者在到达医院后能直接进入下一步的抢救阶段。如果有需要，还可连接远端专家，
让远端专家进行会诊和手术指导。

基于 5G 的超高带宽，为救护车带来了 4K 清晰度以上的实时视频交互能力，更方便地
与救治医院进行车上视频诊疗指导；

急救车上的体征监护数据、电子病历数据可以高速上传，在救治医院和急救指挥调度
中心实现三方实时同步，为患者提供了更好的救治质量管理。

急救过程涉及三方同步协作，通过 5G 网络技术，可以实现急救车辆、救治医院和急
救指挥调度中心间的高效协同，进一步提升急救工作效率。

应用场景 5：精准监测，找出隐患的 5G 疫情防控

当疫情涉及传播范围广、传播速度快的病毒时，迅速识别人群中的病毒携带者是抑制
疫情蔓延的关键，因此收集公共区域人群的体温数据、出行轨迹、密切接触记录等信息至
关重要。相较于 4G 网络，5G 网络的带宽可以满足海量高清影像数据和动态轨迹数据（包
括 4K 热影像记录、动态出行轨迹、密切接触记录等）的实时传输，将视频及相应数据准
确快速实时传送到指挥部大屏或云平台进行数据记录和监测，有效地提升了人员密集场所

如机场、火车站等地体温测量的效率，并且避免了工作人员和被测人员直接接触，降低交叉感染的风险。

新型冠状病毒疫情防控中，长时间近距离的接触和治疗患者对医护工作者的身心健康带来较高的风险。利用 5G 技术和智能机器人的结合，可以在导诊、消毒、清洁和送药等工作中为医护工作者减轻工作压力，降低安全隐患。医院物资配送及消毒机器人，可利用 5G 高带宽低时延的特性，可承担烦琐又重复的物资配送与耗材管理工作，以及医院病房、手术室的消毒工作，既减轻了医务工作者的工作量，又降低了二次感染、交叉感染的风险；医院智慧引导机器人，可通过 5G 高速网络实现与患者的 4K 高清视频互动、卡片/人脸识别、语音自动挂号、高精度定位和引导等功能，如图 6-17 所示。

图 6-17　5G 导诊、消毒、配送

6.1.6　智慧治理，政府处置重大应急事件的智慧工具箱

随着城市化发展进程不断加深，公众在公共服务、社会治理、公共安全等城市治理方面意识不断提升，对城市管理者精细化治理、服务和监管能力也带来了更多样化的诉求和挑战。特别是当发生如重大疫情防控、抢险救灾、反恐防暴等重大公共应急事件时，作为城市治理中的特殊场景，如何在有限的时间内实现快速、高效、安全、公开、公正的事件处置和维持城市正常服务，考验政府管理者的智慧和能力。

在帮助政府重大应急事件响应和处置方面，5G 及其与物联网、大数据技术相结合催生的泛在网络设施，能够将重大公共应急事件下的物理城市，通过数字孪生技术转化为细致和全面的大数据，包括动态数据和静态数据，政务数据和社会数据，历史数据和推演数据。以数据为驱动，为政府应急指挥中预测预警、智能研判、应急联动和辅助决策注入更多智慧。

另一方面，5G 与云计算、AI 等其他新兴信息技术相结合在疫区等高风险场景中，通过人工智能设备等数字信息化技术手段替代传统依赖工作人员实地处置的工作，通过"数字抗疫""数字抗灾"等新兴方式降低工作人员风险，提高处置效率。

5G 大宽带的特性赋能众多在线应用，助力政府在重大应急事件下，实现城市正常服务保证居民正常生活，如政务一网通办、在线视频会议、在线教育直播等。

应用场景 1：5G 城市应急管理

依托城市 5G 泛在网络，提升应急事件处置能力。

例如新型冠状病毒由于其高传染性，给防控工作带来严峻挑战。疫情的防控需要快速排查城市中潜在病患，进行隔离管理，同时各类排查数据需要快速汇总到城市应急指挥中心，进行分析研判，制定进一步处置策略。

以 5G 为基础的城市泛在网络，能够快速对城市全面感知，实现疫情态势监测、事件预警；通过数据共享，提升跨区域、跨部门、跨领域的协同处置能力，以及突发事件响应速度和处置效率，推动城市应急管理从被动式、应急式向主动式、预警式城市管理模式转变。

以 5G 为基础构建热成像人体测温信息化技术，有效解决人流量大、周转快的公共场所传染性疫情筛查。地铁站、机场、火车站等公共场所，因为人流量大，依靠传统人工测温效率低，反而容易导致排队形成人群集中，不利于疫情防治；同时，防疫人员测温时，近距离接触潜在疑似病患也增加了防疫人员风险。

以 5G 为基础构建热成像人体测温这种解决方案布放简便，非接触，快速通行，在一定时间内减少重复检测，提高筛查效率，降低工作人员风险。另外，凭借 5G 大带宽特性，可将视频及相应数据实时快速传送到大屏或城市应急指挥云平台进行数据记录和监测通过云端大数据管理，如图 6-18 所示，一旦发生群体性感染事件可以"追溯"。

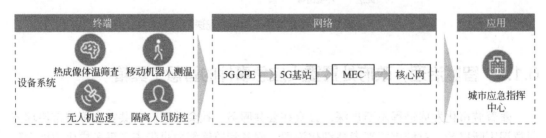

图 6-18 5G 城市应急管理

5G 泛在网络产生的疫情大数据为疫情的追踪溯源、路径传播、发展模型预测等工作提供了极大的便利。

应用场景 2：5G 社区治理管控

5G 社区治理管控：通过灵活部署无线高清视频监控、安防巡检机器人，有效实现疫情防控能力下沉到社区，协助社区工作人员做好隔离人员防控管理。

新冠病毒潜伏期长，一旦出现疑似病例，需要在固定场所内进行长时间隔离排查，在疫情较为严重的区域，整个街道、小区成为隔离区；同时疫情严重的小区需封闭式管理，内防扩散，外防输入，要求人员减少外出，管控外来人员进入。此种情形下，依靠传统社区工作人员巡查，人工监管费时费力，很难及时掌握辖区防控、隔离人员生活情况，且工作人员频繁与疑似患者接触也增加安全隐患。

5G 无线高清视频监控解决方案通过高清摄像头+5G CPE（固定无线接入设备）或者是内置 5G 通信模组的高清摄像头，发挥无线布放简单、带宽大优势，能够在方舱医院这类临时搭建的医院、社区隔离控制点、道路隔离控制点等区域快速部署，提供实时、流畅、高清的视频画面，方便相关工作人员及时了解隔离防控情况，隔离人员生活需求，安全有效保证隔离效果。

还可以部署配置无接触式体温筛查、远程可视化指挥功能的智能巡检机器人，对隔离区内人员体温实时检测，体温超标人员数据后台传回预警；对人员外出没佩戴口罩进行提示，能够高效率、灵活布控、安全可靠完成隔离区域日常管控工作。

应用场景 3：5G 城市云服务

城市应急事件下，保证城市服务和居民生活的正常运转的普通政务一网通办，依靠以5G 为基础构建云服务、区块链等技术，打破政府不同部门壁垒，实现数据共享，保证数据安全，实现企业、居民在特殊疫情时期足不出户办理业务，为国家疫情防控提供有力支撑。

在线视频会议、在线教育直播，依靠 5G 及 5G 网络灵活部署，满足应急指挥部署、企业远程办公、学生在线课堂互动等不同场景下对网络资源的需求。

互联网医疗，依靠 5G 网络的远程问诊、远程会诊、线上诊疗、图文咨询、信息上传等服务阻断居民在特殊时期因正常就医到医院可能出现的接触风险。

6.2

5G 助力智慧教育

6.2.1 何谓智慧教育

2018 年 4 月教育部发布了《教育信息化 2.0 行动计划》、2019 年 2 月国务院印发了《中国教育现代化 2035》，相继强调教育信息化在推动教育现代化过程中的地位和作用。

智慧教育就是教育信息化，指在教育领域（教育管理、教育教学和教育科研）全面深入地运用现代信息技术来促进教育改革与发展，新型教育信息化将不仅涵盖信息环境建设、软硬件支持，更应建设多实践领域、多应用场景、全环节覆盖、全民全域普及的实施路径。5G与人工智能、VR/AR、超高清视频、云计算、大数据等技术的融合，将为智慧教育提供强大动力。

　　智慧教育涵盖教学、评测、管理、教研等各个环节，其中教学、评测、校园管理对5G需求最为迫切，应用场景也最为丰富。

6.2.2　智慧教学类

　　教学是教育行业的核心业务，其目标是完成对学习内容的传授，并基于学习者的反馈提供交互性的支持。在此过程中5G可以发挥重要作用，5G提升教育质量。如：在远程教学中通过高清视频技术改善学习体验；在互动教学中通过VR/AR、全息等技术促进教学效果提升；在实验课堂中通过MR等技术模拟实验环境和实验过程打造沉浸式的体验。

　　在线教育在5G+VR/AR/全息影像等技术的辅助下，可以实现跨时跨地共享教学资源，学生在远程课堂中感受真实的师生互动，教师可以及时得到学生对于教授内容的反馈，高质量的教学课堂得以保证。在教育资源不均衡的背景下，5G结合智慧教育可促进优质教育资源的均衡分配，教育资源匮乏地区的学生接受线上教育也可享受到优质的教学资源。另外，在专业技能培训课程中，5G+VR/AR/全息影像的技术方案可避免在培训中使用昂贵的精密仪器，避免置身于真实的高危场景中，为各行业的专业培训带来便利。

应用场景1：云AR/VR沉浸教学

　　传统AR/VR教学效果依赖终端性能，成本高，限制大，难以满足虚拟实景教学场景。基于5G的大带宽、低时延等特性，将AR/VR教学内容上云端，利用云端的计算能力实现AR/VR应用的运行、渲染、展现和控制，并将AR/VR画面和声音高效地编码成音视频流，通过5G网络实时传输至终端。通过建设AR/VR云平台，开展AR/VR云化应用，包括虚拟实验课、虚拟科普课、虚拟创课等寓教于乐的教学体验，将知识转化为数字化的可以观察和交互的虚拟事物，让学习者可以在现实空间中去深入地了解所要学习的内容，并对数字化内容进行可操作化的系统学习。

　　相对于传统教育，AR/VR教学可以解决诸多问题。

　　① 三维直观的教学内容和教学方式：借助AR/VR技术，学生们的课堂体验从2D跃升到3D，不再是图书或黑板呈现出的平面内容，而是栩栩如生的三维内容，学生们不需要再从平面2D形象中脑补3D形象；对于电波、磁场、原子、几何等那些抽象或肉眼不可见的内容，AR/VR可以形象可视化地展示出来，有助于提升认知和理解。

　　② 互动性和参与性强：学生通过AR/VR学习实践，不再是死记硬背，而是亲自体验学习内容，参与到教学中。AR/VR教育诠释了学习是一种真实情境的体验的建构主义学习理论，让学生们亲自用眼看、用耳听、动手做，然后自然地开动大脑去想，调动学生的学习热情。

③ 主动的交互式学习：在学习的过程中，学生可以随时暂停，或重复其中任何一个步骤，不用过分地考虑间断或反复学习给施教者所带来的压力。

④ 游戏化教学：AR/VR 的可视化、互动性可以自然地设计出非常吸引人的游戏化教学内容，寓教于乐，从而大幅度提升学生们的学习意愿、激发学习兴趣，提高学习效果。

⑤ 降低教学中的成本与风险：实操性较强的实训基地建设投资大、周期长、实训学员有限，难以满足日益增长的人才需求；高成本、高风险等教学和实训难以实现场景教学；通过 AR/VR 技术进行虚拟实验，在获得同样效果的情况下大大降低教学中的安全风险与成本。

⑥ 促进教育资源平等化：AR/VR 可以实现不同地区的老师、学生聚集在同一个虚拟课堂中，达到体验真实、实时的互动。因此，很多北上广深的优质教育资源就能以非常低的成本倾斜到三四线、农村等教育欠发达地区。

将 AR/VR 教学内容上云，利用云端的计算能力实现 AR 应用的运行、渲染、展现和控制，并将 AR/VR 画面和声音高效的编码成音视频流，通过 5G 网络实时传输至终端。为了满足业务的低时延需求，采用边缘云 部署架构，将对时延要求高的渲染功能部署在靠近用户侧，这样业务数据不用传输到核心网，而是直接在边缘渲染平台进行处理后传输到用户侧，如图 6-19 所示。基于 5G 的边缘云部署方案有效解决了传统方案中网络连接速率和云服务延时的突出问题。

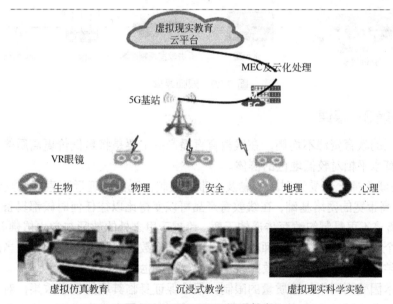

图 6-19　云 AR/VR 沉浸教学

应用场景 2：双师课堂

双师课堂是远程教学的主要场景，主讲与助教相互配合，线上与线下相结合的教学模式。其中，主讲教师主要通过视频直播的形式讲解课程内容，助教老师在课上负责与主讲老师配合开展教学及互动，观察并记录学生课堂表现，并维持课堂秩序，在课后负责答疑、批改作业、讲解习题及与家长沟通等服务工作。学生仍需到教室观看视频上课，课上通过答题器等设备与主讲老师进行互动。

双师课堂主要解决乡村教学点缺师少教、课程开设不齐的难题，促进城乡教育均衡发展。

针对现有双师课堂采用有线网络承载业务存在的建设工期长、成本高、灵活性差等问题，以及采用 WiFi 网络承载业务导致的音视频延迟、卡顿等问题，5G 网络有效解决传统双师的交互体验问题，如图 6-20 所示。基于 5G 低延时、大带宽和高可靠，充分满足课堂的互动实时性要求，解决了音视频延迟、卡顿等问题，提升了学生学习效果，提高了学生课堂参与度；直播互动教学可保证声音高保真，延时低于 20ms，最大程度还原课堂教学场景。

为了提升双师课堂的沉浸式用户体验，并保障网络服务质量的稳定性，5G 双师课堂采用 5G 边缘计算技术实现双师课堂的低时延互动，并通过 5G 网络切片技术提供双师专网服务，真正将远端听课学生打造为名师侧的一个近端模块。

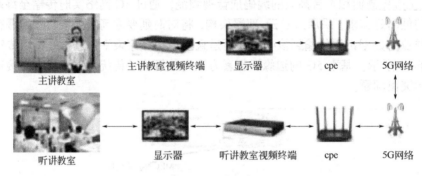

图 6-20　双师课堂

应用场景 3：慕课

中国地区的教育资源不均衡，在线教育直播产品主要是将更低价更高质的普惠教育资源提供给教育水平相对较低地区的群体。

现有在线直播产品受到时延问题及宽带的限制，无法保证远程直播的互动性；基于 5G 低时延、高带宽的网络基础，在线教育产品可以变得比以往任何时候都具备更强的互动性，地理距离将不再是制约教育传递的天堑，跨越千里之外的教师与学生仿佛面对面一般，学生的每一个表情都不会逃过老师的眼睛，学生学习数据实时上传，配合适当的模型，实时反馈学生学习状态，反向指导教师教学重点与速度也将成为可能。

传统技术因受到网络传输质量的限制，很难保证身临其境的教学效果，对于相对抽象的内容更是如此；通过 VR 等显示技术，5G 的低时延和高带宽支撑，让人们随时随地都可以参与一场身临其境的在线课程，在线教育与线下教育之间的隔阂将被打破；基于 5G 万物互联与低时延的特性，远程实操也将成为现实，传统职业教育可以打破地域限制，提高实训效率、降低实训成本，除此之外，也能够极大地降低传统职业教育中实训教育的安全风险。利用 5G 网络的高带宽、低延时、边缘计算特性，在线直播画面可以 4K 流畅模式播放给每个好学的学子。

6.2.3 智慧评测管理类

通过 5G 网络，将 4K 摄像头、传感器等设备采集的校园环境、人群、教学设备等信息传至智慧校园管理平台，利用人工智能、大数据等技术对采集到的信息进行全方位分析，并最终将分析结果投射到具体的学校管理服务工作当中，进一步实现校园智慧化运营管理。利用 5G+AIoT 等技术设备实现对学生学习状态的感知，实时掌控学生情况。

应用场景 1：5G+AI 教学评测

人工智能+教育教学评测实现课堂教学大数据的"伴随式采集"和"即时化分析"，以音视频采集、人脸识别、行为识别、表情识别、数据关联、数据挖掘、数据分析、云计算等技术为核心，打造出一个资源应用、学情分析、督导评价、辅助决策等多种功能于一体的人工智能教学评测系统。

5G+AI 教学评测架构如图 6-21 所示，从下到上分为终端层、网络层、平台层、数据层和应用层。为学校的日常教学完成各类学情分析工作，包含基于人脸识别的自动考勤统计、基于行为识别的考场异常动向监测、根据课堂教学行为对师生状态的分类统计、将学生成绩与课堂关注度关联进行分析、通过人工智能系统自动生成教研数据完成学情分析、针对系统日常分析数据积累教师成长记录、借助课堂智能分析的学情数据完成学科间教学对比，以及依据学校实情完成各类常模建设等功能。

图 6-21　5G+AI 教学评测架构图

结合 AI 智能识别技术，实现教学，项目整体方案如图 6-22 所示，在授课过程中，AI 智能摄像头通过采集学生和老师在课堂的高清教学影像，利用 5G 大带宽，将视频及时快速地传输到 MEC 边缘云服务器，通过图像识别和软件分析进行计算处理。利用 AI 技术对数据进行清洗、整理、判断、提炼、分析，得到学生、老师的课堂表现，分析并评估教学效果，及时地将课堂教学分析结果回传到教师、家长手里，实现将视频分析结果同步输出，综合评价教师课堂表现以及学生行为统计分析。

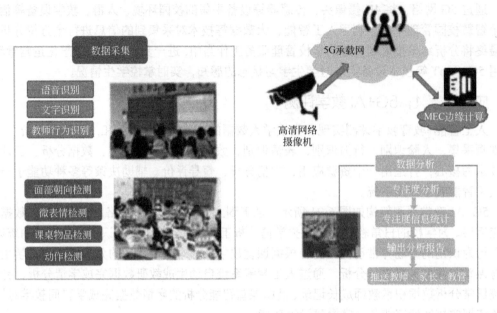

图 6-22　5G+AI 教学评测整体方案图

应用场景 2：校园智能监控

围绕学生的学习生活轨迹，校车人脸识别、到校及离校门口无感人脸考勤、校园边界视频监控预警及告警、学生校内活动监控、食堂卫生监控等环节进行跟踪、视频监控、AI分析、预警服务，为学生提供 360°全方位、全过程的安全保障服务，让家长及时了解孩子位置、在校表现；为学校管理提供强有力的安全管理手段，使得安全隐患前置化、隐患排查精细化、隐患处置数据化、打造安全的学习环境；为教育主管部门日常监管提供直观、可视的监督工具。

校园智能监控如图 6-23 所示，借助 5G 网络大连接、高带宽特性连接全场景高清视频监控，通过边缘 MEC 视频网关对监控视频进行处理和智能分析，面向智能安防、视频监控、人脸识别、行为分析等业务场景，识别各类异常事件，MEC 和 5G 网络低时延提升应急事件反应速度；通过 MEC 将监控数据本地存储分发，助于保证视频的私密性。

学校通过校内监控大屏、客户端可以观看本校所有摄像头视频；家长凭借孩子电子学生证可以实时跟踪孩子活动轨迹，或订购孩子所在学校的视频直播业务，如对应教室、操场、厨房；各级教育主管部门可以调取观看各区域内所有学校高清监控视频。

有效解决以前视频模糊无法识别、陌生人进校、危险探测不及时等校园安全问题，有效提升学校的管理效率。

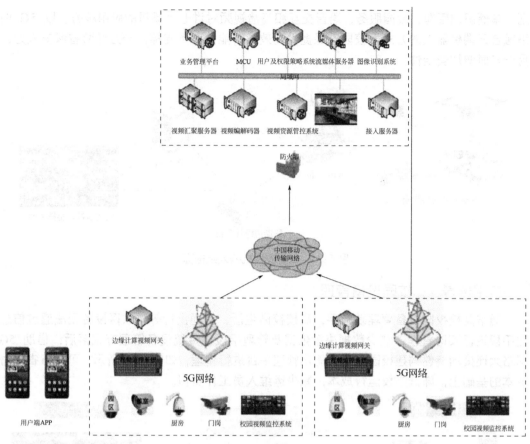

图 6-23　校园智能监控

应用场景 3：云端安保机器人

在社会治安日趋复杂的现实状况下，如何有效保障校园师生及工作人员的生命财产安全，如何通过更灵活的监控管理系统开展校园及周边治安秩序整治工作，严厉打击盗窃、敲诈、抢劫师生财物、侵害师生人身安全的各类违法犯罪活动，杜绝校内杀人、抢劫、纵火、爆炸和入室盗窃等重大刑事案件以及火灾事故的发生，保障学校正常教学秩序是校园安全在管理中必须面对的问题。

基于 5G 网络将云端安保机器人、无人机与固定摄像头有机组合，建立灵活机动的天地一体化无"死角"监控应急指挥系统。采用机器人、无人机相配合的方式，一方面弥补了固定摄像头死角，另一方面实现 24 小时无间断巡逻，同时借助先进的人工智能后台，丰富安保任务内容，提高了工作效率，云端安保机器人架构如图 6-24 所示。

安保机器人以机器人智能本体为载体，依托云端机器人智能大脑技术，大幅提升它的认知能力，包括在人脸识别、车辆识别等物体识别能力和自然语言交互能力，在复杂场景下引入人工客服进行辅助处理的能力；从而完成包括：室外导航和避障等行走能力，听、说、看方面的音视频交互能力。同时安保机器人系统需要具备无人机的启停等控制指令发送，启停坐标、目的区域和巡航路径数据发送、无人机空中拍摄视频数据回传接收等功能。

每个安保机器人都能够替代保安，实现校园无盲点自主巡逻监控、环境监控、身份识别、车辆识别管理、校园服务、语音交互和高清视频对讲七个场景的应用服务。以 5G 网络融合云端机器人的方式为校园安保提供高效、智能的业务支撑，一方面节省保安人力，另一方面增加安全性。

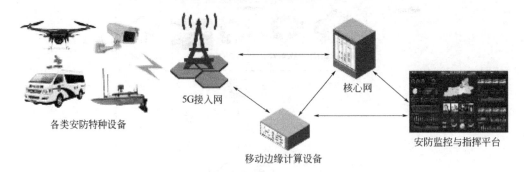

图 6-24　云端安保机器人架构图

应用场景 4：校园设备管理

通常高校校园设备管理缺抓手，高校校园生活、交通出行等物联网设备无法通过信息化手段进行实时管理，缺少数据决策依据及管理手段；传统设备管理方式落后：借助 5G 网络大连接的特性构建校园设备智能化管理平台进行管理，如图 6-25 所示，可在节省人力成本的基础上，降低学校运行成本，减少运维人员工作负担。

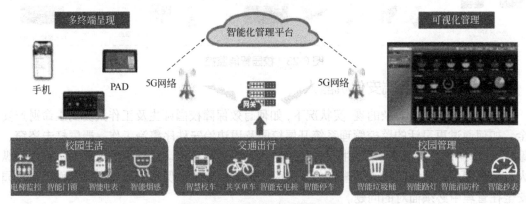

图 6-25　校园设备智能管理平台

6.3

5G 助力智慧物流

物流是物品从供应地向接收地的实体流动过程，包括运输、储存、装卸、搬运、包装、流通加工、配送等功能的具体运作。随着交通成本的下降、互联网电商的发展，物流行业不断发展壮大。物流已经成了生活用品、生产物资等供应的核心支撑行业。

目前物流行业依然存在全球连接能力待提升、现代化程度不够高、物流成本需要进一步降低、质量效益待提升的问题。智能物流成为中国物流转型升级的驱动力。物联网、云计算、大数据、人工智能、运筹学、AR/VR、区块链、机器人等关键技术驱动物流在模块化、自动化、信息化等方向持续、快速变化，5G 通信技术满足这些关键技术对于高带宽、低时延和海量连接的需求。

5G 结合物联网、大数据、云计算、人工智能等关键技术，将人、货、场、仓、运、配链条拉通，实现仓运配一体化；利用 5G 高速率、低时延特性，基于物联网提升物流的生产效率和人员、车辆、运维等管理能力，以及利用 5G 高带宽特性，基于物联网高清视频监控，提供多重安防保障，推动智能园区；利用 5G 大连接特性，基于物联网实现仓储机器人、装备设施、货物联网，推动智能仓储；利用 5G 低时延、高带宽特性，基于物联网保障无人车、无人机安全驾驶和飞行，实现智能配送；利用 5G 低时延特性，基于物联网实现车、路、人的完美协同，推动智能交通。

6.3.1 5G 助力智慧物流细分场景分类

5G 助力智慧物流细分场景可概括为 3 类：智慧物流园区、物流仓储、物流配送，每类下面还有很多细分场景，如表 6-1 所示。

表 6-1 5G 助力智慧物流细分场景分类

场景分类	细分场景	需求描述	5G 诉求
物流园区	园区智能安防	超高清 4K 摄像监控，结合 5G 网络实现多路高清视频回传，提高安全监控级别，实现包含电子巡检、巡逻、监控、人脸识别、车辆识别等功能的智能全景监控服务	高带宽
	智慧停车	通过 5G 高速网络将现场多路摄像头的高清视频以及系统设备运行的关键数据传输到平台，对车库关键设备的运行状态进行实时监控以及异常报警	高带宽、低时延
	远程操控、无人环卫车	以 5G/MEC 覆盖园区道路，通过 5G 网络将生产设备的作业视频以及运输设备的驾驶视频回传至控制中心，并且将控制、调度信号下传至作业设备，实现远程操控	高带宽、高可靠、低时延
物流仓储	AGV 无人车	AGV 分拣设备对无线网络依赖较高，然而其通常在仓库和室外作业，网络部署存在覆盖死角和速率限制问题，如使用工业级 Wi-Fi 则面临传输时延大、部署点位密、设备连接数量受限、维护成本高等问题。5G 网络的速率和可靠性可以减少因为通信故障导致的作业中断，提高生产效率	高带宽、高可靠、低时延
	AR 拣选	5G 网络连接 AR 终端与服务器，根据终端采集图像自动识别作业环境和商品信息，辅助拣选员快速完成作业，提高拣选效率与正确率	高带宽、高可靠、低时延
物流配送	无人机配送、无人物流车+配送机器人配送	无人机挂载 5G CPE 终端和 4K 摄像头，实现精准定位、智能感知、路线规划、人脸识别、视频监控回传等功能	高带宽、高可靠、低时延
	货运跟踪	传统物流行业在货运过程中无法实现包裹实时追踪，基于 5G 高带宽特性可以实现实时跟踪物流包裹运送进度，并对货运过程中是否存在安全隐患等问题进行监控	高带宽

6.3.2 物流园区类

智慧物流园区的总体需求分析如下。

全景监控：为园区提供全景视频监控和 AR 可视化控制技术，实现对整个园区中人、车、货等运行状态的实时监控、调度和异常告警功能；

人车监控管理：对进入园区的人、车进行实时监控，并提供有效便捷的管理方案，通过实时事件推送、历史事件查询、事件视频回放等方式跟踪查询人、车运动轨迹；

安全告警管理：对园区内发生的异常事件进行告警，如出现违停、拥堵、探测出现不明热源等情况，实时推送给安保人员；

黑名单管理：可设置物流园区范围内的黑名单，当检测到黑名单所标记的实体出现在园区的任意方位时，发出告警并对其进行轨迹跟踪，辅助安保人员工作，降低安全隐患；

拥堵、违停事件处理：通过边缘云高性能存储和计算能力支持 AI 算法对监控视频实时分析，判断拥堵、违停事件并与园区安保联动；

仓内 4K 高清监控：仓库内实现全视角高清监控，提供货物出入库视频追溯；

数字化、智能化：以视觉仿真、极速传输和人工智能为实现基础的全连接智慧物流新应用，基于 5G+AI+云实现全视角的实时视频监控和智能分析，助力园区数字化、智能化建设。

物流园区场景 1：园区智能安防

物流园区包含园区安保、园区管理、交通物流、生产使能以及员工办公等多个功能模块，需要在物流园区引入信息化、数字化、智能化的监控和管理方案，实现人、机、车、设备一体互联，从而进一步实现智能车辆匹配、自动场站调度、可视化管理等功能，提高生产效率。

解决方案如图 6-26 所示，包括 4 部分：无人巡逻、出入车辆快速通行、园区综合安防、物流卡车高清视频安防。

① 无人巡逻：在物流园区内实现无人机和多功能巡逻车的自动巡逻，赋予远程控制调度能力，可提供计算资源支撑复杂业务处理；

② 出入车辆快速通行：在园区出入口部署高清枪机，自动识别通过车辆，配合传感器数据进一步实现智慧停车；

③ 园区综合安防：在月台和仓储等环境，部署人脸识别和视频检索功能，实现系统联动、周界管理；

④ 物流卡车高清视频安防：通过部署高清视频监控以及 AI 分析，实现车辆防盗、交通事故回放以及人脸识别防疲劳驾驶等功能。

图中的 CPE 是客户终端设备（Customer Premise Equipment），其作用是信号中继器，将 WiFi 信号再次中继，扩大 WiFi 覆盖的范围，同时其通过内置 SIM 卡可以中继运营商基站发射出的 5G 网络信号，再将 5G 信号变成 WiFi 信号，供给其他设备连接。

在安防场景中，需要实现高清视频实时传输、对安防设备的远程控制（如控制无人机的飞行，调整摄像头拍摄的角度）等功能，这些功能都需要通过网络连接来支撑。

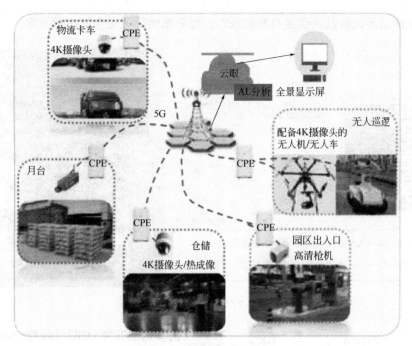

图 6-26 物流园区智能安防

具体来说，安防监控的典型网络需求包括：实时视频传输（多路）、安防设备安防状态监控、远程操控等等。在传输速率方面，当前安防业务通常使用 1080P 视频实时传输，随着安防业务对视频清晰度要求的逐渐提升，需要实现 4K、8K 高清视频的实时传输，对 5G 网络提出上行 30 ~ 120Mbps 的传输速率需求，时延方面，在远程操控时延要求 100ms 以下，对应的无线网络侧时延要求约为 20ms。

5G 网络的大带宽、低时延实时视频流回传至控制中心，融合 AI 深度学习能力，快速视频分析实现多手段的目标锁定及实时跟踪监控，控制中心能通过 5G 网络向安防设备控制系统发送控制指令，极大地提升安防场景的效率。

物流园区场景 2：智慧停车

物流园区是承载转运、配送等环节的核心运输枢纽，车辆出入频度大、车位数量及管理需求高；传统停车方案存在占地面积利用率低、车位信息不明确、出入耗时长、人力监管效率低等问题。

智慧停车方案如图 6-27 所示，在停车场通过布置高清摄像头、压力传感器实现停车位信息的采集，通过升降电机完成车位的占用与释放，终端侧的 5G CPE 实现信息传输。此方案通过 5G 网络，实现智慧车库监控高清视频以及设备、传感器运行数据的实时上传；通过云平台及 MEC 高性能计算助力 AI 算法分析监控视频及运行数据，对异常情况进行检测预警；通过 5G 网络实时下传控制指令及报警数据，实现远程预测性维护及远程指导维护。

物流园区场景 3：车辆远程操控

在封闭园区内实现集装箱卡车、集装箱、铲车等运输设备的远程无人驾驶，应对作业量增长带来的交通运输以及调度方面的压力，提高车辆行驶安全与运营效率。

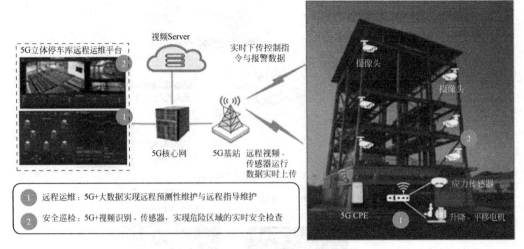

图 6-27　智慧停车方案

图 6-28　远程操控车

在车辆上安装 OBU（即 On board Unit，车载单元）、多个高清摄像头及与车辆控制系统，它们通过 5G 模块（CPE）与 5G 基站相连；远程监控车辆的实时运行情况可借助 MEC 的分流作用，降低视频及控制命令传输的时延，将方向、告警、鸣笛等驾驶指令远程传到车辆上，远程接管；如图 6-28 所示。

使用音频与高清视频采集车辆行驶信息，5G 大带宽与上行高速率满足数据回传要求，结合低时延的特性，实现基于 5G 的无人驾驶及远程控制，必要时接管车辆控制工作，将前进、加速、刹车、转弯、告警、鸣笛等驾驶指令远程传到车辆上，为无人驾驶汽车的安全行驶提供了保障。

物流园区场景 4：无人环卫车

随着自动驾驶技术的日益成熟，各类基于无人驾驶车辆的衍生场景持续涌现。无人驾驶十分依赖于网络速率、时延、感知能力等，4G 网络在这些方面存在瓶颈，5G 使得此类场景可以真正实现安全、有效的落地。在低速及半封闭固定路线的园区场景使用无人驾驶智能环卫车，如图 6-29 所示，相较于体积大并用于开放道路的有人驾驶环卫车，更具优势，可实现园区内全自动化的无水干式清扫、干湿两用作业、区域遍历清扫、循环闭环清扫等全面道路清洁。

在此应用场景中，5G 的低延时、高速率等特性，能够轻松应对园区内复杂道路环境，并使用 C-V2X 技术弥补单车感知存在的缺陷，形成车路信息协同。结合激光雷达、高清摄像头、高精度定位、机器视觉、图像识别等技术，并搭配深度学习神经网络、组合惯导、集中式实时系统智能驾驶，依托高效的 5G 网络，可自主规划路线、自动识别红绿灯和制动、自动跟随或者超车、自主识别障碍物和行人并主动避让、自动归位充电续航等。

图 6-29　5G 无人环卫车

6.3.3　物流仓储类

物流仓储场景 1：AGV 无人车

AGV 无人车，又名无人搬运车，自动导航车（Automated Guided Vehicles），其显著特点的是无人驾驶，AGV 上装备有自动导向系统，可以保障系统在不需要人工引航的情况下就能够沿预定的路线自动行驶，将货物或物料自动从起始点运送到目的地。

非联网模式的 AGV 无人车需要配备大量的传感器和强力计算单元，造价过高且无法形成协同调度；4G、Wi-Fi 网络无法支持叉车作业场景中视频与控制指令的即时传输，无法实现远程运行监控、动态管理、边缘智能技术。

基于 5G 的 AGV 无人车解决方案如图 6-30 所示，将仓储智能设备（AGV 无人车）主控上运行的导航定位、激光雷达、视觉图像识别及环境感知等需要复杂计算能力需求、WCSS（Warehouse Control System，仓储控制系统）、WMS（Warehouse Management System，仓储管理系统）、地面控制系统、运维平台的需求上移到 5G 的边缘计算云服务器，以满足AGV 不断丰富的应用场景和日益增长的计算力需求。将传感器数据采集、运动控制/紧急

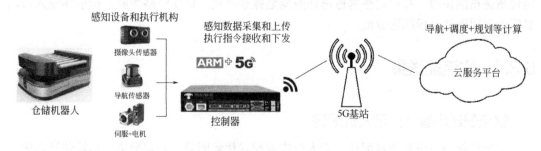

图 6-30　基于 5G 的 AGV 无人车解决方案

避障等实时性要求更高的模块仍然保留在 AGV、ARM、机械臂等智能设备本体以满足安全性等要求。

此架构模式为基于 5G 和 MEC 的边云协同模式，云端负责算法升级，将 AI 和调度算法下沉至仓库园区 MEC，边缘云实现快速分析、控制调度，同时有效保护生产数据安全。借助于 5G 与 MEC，实现视频实时回传与 AI 视觉识别，对行驶路线进行实时规划，不需任何提前设置，真正实现叉车自由穿梭；基于 5G 网络的自动装卸货物：5G 与 MEC 助力 AI 视觉识别、精准定位和实时精准操控技术，完成不同高度、突发位置偏移和不规则摆放等多样化场景的货物自动装卸。

物流仓储场景 2：AR 拣选

增强现实技术（Augmented Reality，AR）目前已经被很多成型产品投入商业运用，能够将虚拟信息投射到真实世界，然后将真实的世界和虚拟的世界进行相互重叠，形成一个多元化信息的新场景，用户能够通过硬件终端如 AR 眼镜观察到这一场景，AR 技术需要通信技术提供较高的带宽来传递虚拟数据。

仓库货物存储数量庞大、型号及配送信息复杂，传统拣选工作方式效率低下、人力成本及出错率较高；所以仓储作业中最难的点在于物流的分拣和复核。AR 技术可以在视觉环境中使用箭头导航员工到具体的拣货位置，然后系统会显示需要进行挑拣的货物的数量，员工可以完成拣选操作，解决方案如图 6-31 所示。同时 AR 技术还可以帮助工程师查看仓库三维布局然后进行调整，完成仓储的设计。

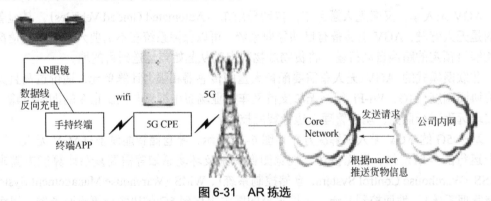

图 6-31　AR 拣选

智能仓中拣选员佩戴 AR 终端，自动识别作业环境，快速识别并呈现商品的基本信息，定位拣选员的位置，并自动根据拣选任务规划拣选路径，建立线路导航，指引作业人员以最短的时间到达目标拣选货位。

6.3.4　物流配送类

物流配送场景 1：无人机配送

对比传统地面货车物流配送，无人机物流配送优势明显。规避拥堵，运输快速高效：

尤其是在山区较多的省份，陆路运输所耗费的时间和成本较平原地区高很多，采用无人机则可能以同样的成本实现更高的物流效率。在拥堵的城市和偏远的山区运送急需物品，则可能比陆运节省 80%的时间。目前物流人员劳动强度非常高，将简单场景下的小批量的投递任务交给无人机，则可以更充分地发挥人力的灵活应变能力，减少体力消耗，将复杂环境下和大批量的投递任务交给人和地面车辆，故无人机物流配送是一个缓解员工压力的有效手段。

近年来，国内外的主要物流企业纷纷开始布局无人机配送业务，以实现节省人力、降低成本的目的。通过 5G 网络，可以实现物流无人机状态的实时监控、远程调度与控制。在无人机工作过程中，借助 5G 低空覆盖保障无人机飞行过程中稳定的网络传输；5G 网络大带宽传输能力，实时回传机载摄像头拍摄的 360°高清视频，以便地面人员了解无人机的工作状态。同时，地面人员可通过 5G 网络低时延的特性，远程控制无人机的飞行路线。此外，结合人工智能技术，无人机可以根据飞行任务计划及实时感知的周边环境情况，自动规划飞行路线。

解决方案如图 6-32 所示，无人机上装配 5G 通信模块 CPE，通过空中接口接入 5G 网络，5G 网络连接互联网。

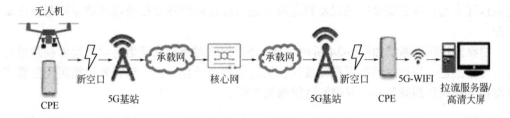

图 6-32　无人机配送

无人机可实现全年配送、偏远地区配送，节省人力成本、安全性高；无人机配送定位准确、省时高效，生鲜配送可议价空间高；解决了传统货车运输模式耗时长、效率低，受到配送时间、配送范围制约，长途运输驾驶安全问题严重；

物流配送场景 2：无人物流车+配送机器人配送

随着车联网、无人驾驶等技术逐步成熟，为无人物流车、配送机器人的落地提供了基础，"机器换人"有望进一步分担配送员的繁重工作。

基于 5G、C-V2X 网络的无人物流车，可实现最优配送路线、紧急制动、车位识别、自动泊车、可持续工作、夜间配送等。无人物流车大幅提升了物流运输效率、显著降低了人工成本，但是无人物流车存在局限，即需要人在场接收包裹或者按预先安排位置放置到储物柜中，在此背景下配送机器人应运而生，通过自动配送可取代传统配送员角色。配送机器人以 5G、AI、高精度定位、实时导航等技术为基础，具备越过障碍、爬楼梯、爬坡、进出电梯、紧急避让、按门铃、智能识别、AI 人机交互等功能，实现物流末端"最后一米"智能交付。

无人物流车加配送机器人组成的智慧物流系统，如图 6-33 所示，可在完全无人参与的情况下实现将货物运送到室内用户，打通物流配送的末梢环节，完成真正的无人配送，大幅降低人工成本，高效、安全地完成物流运输配送。

图 6-33　无人物流车+配送机器人配送

物流配送场景 3：货运跟踪

传统物流行业在货运过程中无法实现包裹实时追踪，物流方需要对物流包裹运送进度、货运过程中是否存在安全隐患以及货运司机是否存在疲劳驾驶和违规驾驶等问题进行实时掌控。

物流货运跟踪系统如图 6-34 所示，基于 5G 网络对货物物流信息以及运输视频进行采集、传输，进一步通过精准可视化展现、实时监控、计算分析、预警等功能实现包裹实时追踪和全程高清视频监控，为物流运输保驾护航。

电子围栏	APP上报	电子围栏	APP+GPS设备定位	电子围栏	APP上报	公众号上报
车辆进入仓库范围	司机揽收货物	车辆从仓库出发	车辆在途运输	车辆进入收货点范围	司机签收与回单	收货人评价反馈

图 6-34　物流货运跟踪系统

6.4

5G 助力智慧能源

随着各类能源业务的快速增长，能源行业对新型通信网络的需求日益迫切，急需安全可靠、实时稳定的通信技术来助力提升行业信息化、智能化水平。5G 技术背负着"使能垂直行业"的使命，旨在改变垂直行业核心业务的作业模式和运营方式，使得传统行业管理实现智能化、决策更加智慧化。

6.4.1 智能电网

智能电网是指在发输变配用电和调度的各个环节都实现智能化、数字化，在实现数据自动远程传输的同时，能够灵活维护和调控，形成实时立体监控、安全可靠的电力信息网络。

5G 以一种全新的网络架构提供 10 倍于 4G 的用户体验速率，峰值速率高达 20 Gbps（毫米波），低至 1ms 的空口时延，99.999%的超高可靠性，100 万每平方公里的连接密度。针对行业应用定义了 mMTC 海量物联和 uRLLC 低时延高可靠两类全新场景，使得 VR、大数据等运用到电力行业成为现实，更加有效服务现场监控和事故预判、诊断，实现电力行业从数字化到智慧化的演进。5G 独有的网络切片技术的安全级别和隔离性完全满足能源行业对安全的需求，而相比企业自建的光纤专网，则大幅度降低了成本。5G 边缘计算技术通过网关分布式下沉部署，进行本地流量处理和逻辑运算，节省带宽的同时降低了延时，充分满足电网相关业务的超低时延需求，构建高效环保、绿色智能电网。

（1）5G 智能场站（见图 6-35）

随着分布式新能源的迅猛发展，新能源发电设备日益增加，变电站、风电场、光伏电站等大多呈分散式分布，有些处于偏远地域，光纤覆盖难，施工难度大，运行中产生大量的数据难以快速有效地进行传输。5G 技术作为电力有线光纤通信的补充手段，可实时远程采集新能源发电的设备信息等各项数据，完成电网接纳响应，在海量接入的基础上，进行智能分析，提供高水平的运维服务，实现电力数据信息安全快速、高效交互。

通过 5G 低时延、广连接的特性，实时传输场站内各项传感器、智能表计、控制器等数据，5G 边缘计算特性将数据功能移到边缘侧，既可以在本地处理，又可以利用云端的平台，让数据得到充分使用，以此打造泛在感知、无人值守、无线互通的智能化场站。

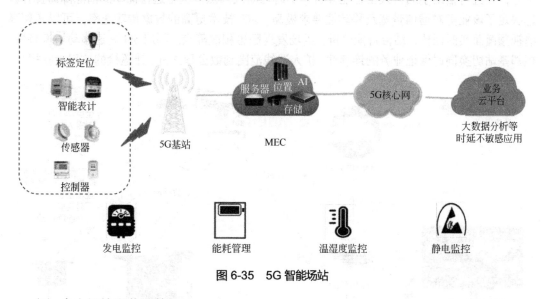

图 6-35　5G 智能场站

（2）电力设施立体巡检

目前，电力设施巡检机器人通信方式主要为有线、近距离无线等，工作范围、数据回传、实时控制操作都受到一定的限制。

　　5G 网络的高速率、低时延、大带宽等特性，可同时承载巡检机器人、无人机巡检、视频监控等业务，通过 5G 网络实时回传相关检测数据，进行智能分析，判断缺陷、故障，实现数据传输从有线到无线，设备操控从现场到远程的跨越。

　　巡检机器人如图 6-36 所示，它是利用磁或者激光导航的方式，加装可见光摄像机、红外热像仪等传感检测设备，利用图像识别、红外带电检测、自动充电等自动化、智能化技术，通过自主或遥控模式实现对变电站设备、环境进行智能巡检的系统，有效提升巡检效率和巡检质量。

图 6-36　5G 电力巡检机器人

　　无人机巡检系统是利用无人机搭载高清摄像头，检查采集输电线路、杆塔的物理特性（如弯曲形变、物理损坏等），如图 6-37 所示，将采集到的高清视频数据实时回传至数据中心，并且可借助于后台人工智能分析，实时判断故障点，甚至进行简单的清除障碍操作。这决定了该业务对通信带宽及移动性要求极高。5G 技术更高的数据传输速率，可以实现高清视频画面实时回传，结合智能分析，当场发现隐患和故障点。利用 5G 高速移动切换特性，相邻基站切换同时保证业务的连续性，扩大巡线范围到数公里之外，让巡检的效率大幅提升。

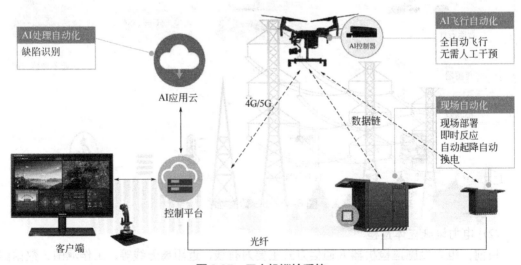

图 6-37　无人机巡检系统

（3）远程运维指导

现场巡检人员佩戴智能设备，如图 6-38 所示，通过 AR、音视频和人员定位技术实现电力设施、数据信息的混合实景化展示。智能穿戴设备与平台系统信息流交互量较大，对通信带宽要求较高。基于 5G 高带宽特性，实现智能运检系统与运检智能穿戴设备的信息互通，在显示屏中可看到设备结构、文档资料及对现场实景的标注信息等，辅助巡检作业人员减低工作强度，提升作业效率。

故障发生时，远程专家可实时查看现场图像、传感器数据，进行远程和现场的实时会商，快速响应，专业指导，第一时间实现排障，恢复系统稳定运行。

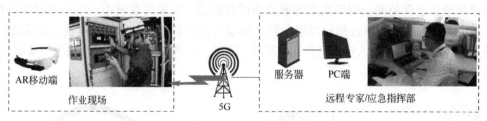

图 6-38　远程运维指导

6.4.2　5G 赋能煤炭产业

煤炭资源在我国经济发展中发挥着举足轻重的作用，占我国一次能源消费比例的 60% 以上。但煤矿由于风险大、灾害多，生产过程中危险岗位多、下井人员多，事故时有发生。这不仅将煤矿从业者的安全置于高风险下，更是影响社会整体公共安全和稳定的短板。

5G 煤矿巡检机器人的出现将煤矿巡检人员的工作环境从矿井转移到监控中心，提高了煤矿智能安全管理水平的同时，极大地降低劳动强度，改善了工作环境。

5G 煤矿巡检机器人紧贴矿下场景的应用需求，其架构紧凑、体积小、重量适中，搭载有摄像头、拾音器、红外温度传感器和烟雾传感器等探测装置，在传动系统的牵引下，可在矿井下替代巡检人员，对矿下环境、设备运行状态进行实时巡检，巡检数据通过 5G 网络实时回传监控中心，有效解决了煤矿综采工作面空间狭窄、条件复杂时监测控制精度不够及设备故障率高等技术难题，提升了监测控制系统的安全性。

6.4.3　5G 赋能燃气行业

目前，燃气行业主要通过人工巡检的方式进行日常巡检巡视，结合远程监控系统对燃气管网及相关设备实现日常管理和维护。人工巡检方式普遍存在着工作强度大、作业效率低和巡检质量由于人员经验不同而差别巨大的情况。

智能巡检机器人满足了燃气企业提高巡检质量的需求，承担起燃气站的日常巡检工作，实现表计智能识别、红外测温、燃气泄漏检测、声音分析和高清视频监控等功能，无需对现有燃气设备进行改造，无需加装任何附加装置，即可实现对燃气站的安全监控。通过 5G 网络实时回传现场巡检数据，第一时间记录关键区域及高风险区域的环境检查结果，推进燃气站数字化、智能化发展。

6.5

5G 助力云游戏

云游戏是以云计算为基础的游戏方式，本质上为交互性的在线视频流，在云游戏的运行模式下，游戏在云端服务器上运行，并将渲染完毕后的游戏画面或指令压缩后通过网络传送给用户。远程超强云服务器中拥有众多虚拟电脑，玩家可在其中一个子电脑中进行游戏，其中游戏的画面与声音通过网络传输至终端（智能手机、PC、智能电视、机顶盒、VR眼镜等），玩家可通过输入设备（手柄、鼠标、键盘、可穿戴设备等）对游戏进行实时操作，如图 6-39 所示。

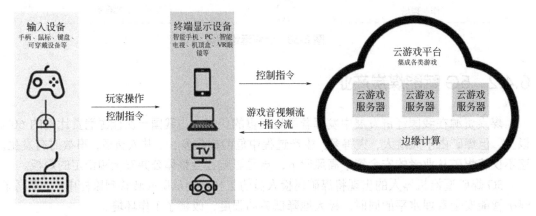

图 6-39　云游戏

（1）云游戏特点

① 云游戏对终端硬件配置的要求降低

传统游戏产业背景下，游戏体验与终端硬件性能成正比，受硬件设备承载能力限制明显。对于普通玩家而言，由于预算限制，游戏设备的配置往往不会过高，且设备更新换代频率较慢，这会导致玩家的游戏体验逐渐下降。

云游戏的出现解绑了硬件对游戏的束缚。云游戏模式下，游戏并不运行在用户的终端侧，而是运行在云端服务器中，由云端服务器将游戏场景渲染为音视频流发送给用户，因此用户无需下载和安装游戏，游戏和用户数据都存储在服务器上，用户使用的游戏设备也无需拥有较高的硬件配置，只需拥有基本的流媒体播放能力和获取玩家操作指令并发送给云端服务器的能力即可。

② 对云服务器性能和传输网络的要求提升

云游戏是将游戏放在云端运行、渲染和存储的，因此对云服务器的性能有较高的要求。云服务器需要将运算和渲染后生成的游戏音视频流通过高速网络传输到终端上，需要占用较大带宽，并且如果整个过程中产生的延时较高，那么用户的操作迟滞感会非常强，极大影响用户游戏体验，因此云游戏对传输网络有较高要求。

(2) 云游戏关键技术

① 5G

云游戏的概念在 2009 年就被提出，但至今仍未得到较好的市场推广，究其原因在于现有的传输网络无法满足快速传输的需求。随着 5G 的到来，5G 技术将突破云游戏的发展瓶颈，大幅推动云游戏产业进程。根据国际电信联盟对于 5G 的定义，其特征可分为 eMBB（增强移动宽带）、mMTC（海量大连接）和 uRLLC（低时延高可靠）。

对于云游戏而言，eMBB 为云游戏需要的高清视频传输提供了更优质的传输通道；mMTC 将支持更加丰富的游戏终端类型，真正意义上做到了游戏载体的无处不在；uRLLC则能够有效降低时延，提供更流畅的游戏体验。

② 边缘计算

云游戏虽然在终端以音视频流的方式播放，但不同于一般的视频能够通过预先缓冲下载来避免卡顿，云游戏对实时性有很高的要求。为了达到良好的即时游戏体验，减少音视频流传输产生的时延，云服务器距离用户越近越好。边缘计算的出现为云游戏打开了一道全新的大门。边缘计算将原本运行在云端服务器中的游戏迁移到更靠近用户的边缘侧运行，游戏的渲染也在边缘完成，远端云服务器只负责小数据量的逻辑运算，这样大大减少了骨干网络的传输带宽和传输时延，实现了游戏的"本地化"，让玩家能够享受到更高质量的游戏体验。

思考与复习题

1. 简述 5G 在智慧城市中的应用场景。
2. 何谓智慧教育？简述 5G 助力智慧教育。
3. 简述 5G 如何助力智慧物流。
4. 5G 如何助力智慧能源？
5. 5G 如何助力云游戏？

附录一

主要缩略语

缩略语	英文全称	中文全称
3GPP	3rd Generation Partnership Project	第三代合作伙伴计划
5GC	5G Core Network	5G 核心网
AAU	Active Antenna Unit	有源天线单元
AI	Artificial Intelligence	人工智能
AMF	Access and Mobility Management Function	接入及移动性管理功能
AR	Augmented Reality	增强现实
ATCA	Advanced Telecom Computing Architecture	先进电信计算平台
AUSF	Authentication Server Function	鉴权服务器功能
BBU	Base Band Unit	基带处理单元
BF	Beamforming	波束赋型
BRAS	Broadband Remote Access Server	宽带远程接入服务器
CAPEX	Capital Expenditure	资本性支出
CDMA	Code Division Multiple Access	码分多址
CDN	Content Delivery Network	内容分发网络
CPE	Customer Premise Equipment	客户前置设备
CPF	Controller plane function	控制平面功能
CPRI	Common Public Radio Interface	通用公共无线电接口
C-RAN	Centralized RAN	集中化无线接入网
CSFB	Circuit Switched Fallback	电路域回落
CU	Centralized Unit	集中单元
D2D	Device to Device	设备到设备（近邻设备之间直接交换数据信息的技术）
D-RAN	Distributed RAN	分布式无线接入网
DSRC	Dedicated Short Range Communications	专用短程通信技术
DU	Distribute Unit	分布单元
eCPRI	Enhanced Common Public Radio Interface	增强型通用公共无线电接口
eMBB	Enhanced Mobile Broad Band	增强移动宽带
eMTC	Enhance Machine Type Communication	增强型机器类通信
EPC	Evolved Packet Core	演进的分组核心网
EPON	Ethernet Passive Optical Network	以太网无源光网络
FlexE	Flex Ethernet	灵活以太网
FlexO	Flex OTN	灵活光传送网
FTTH	Fiber To The Home	光纤到户
GNSS	Global Navigation Satellite System	全球导航卫星系统
GPON	Gigabit-Capable Passive Optical Networks	千兆无源光网络
GPRS	General packet radio service	通用无线分组业务
GSM	Global System for Mobile Communications	全球移动通信系统

缩略语	英文全称	中文全称
HARQ	Hybrid Automatic Repeat reQuest	混合自动重传请求
IaaS	Infrastructure-as-a-Service	基础设施即服务
IDC	Internet Data Center	互联网数据中心
IDU	Indoor Unit	（微波）室内单元
IEEE	Institute of Electrical and Electronics Engineers	电气和电子工程师协会
IMS	IP Multimedia Subsystem	IP 多媒体子系统
IoV	Internet of Vehicles	车联网
ISDN	Integrated Services Digital Network	综合业务数字网
ITU	International Telecommunication Union	国际电信联盟
KPI	Key Performance Indicator	关键性能指标
LDPC	Low Density Parity Check Code	低密度奇偶校验码
LPWAN	Low Power Wide Area Network	低功耗广域网
LTE	Long Term Evolution	长期演进
MAN	Metropolitan Area Network	城域网
MEC	Mobile Edge Computing	移动边缘计算
MIMO	Multi-input Multi-output	多输入多输出（天线技术）
mMTC	Massive Machine Type Communication	海量机器类通信
M-OTN	Mobile-optimized OTN	面向移动承载优化的 OTN 技术
MPLS	Multi-Protocol Label Switching	多协议标签转换
MSTP	Multi-Service Transmission Platform	多业务传输平台
NB-IoT	Narrow Band Internet of Things	窄带物联网
NE	Network Element	网元
NEF	Network Exposure Function	网络开放功能
NF	Network Function	网络功能
NFC	Near Field Communication	近场通信
NFV	Network Functions Virtualization	网络功能虚拟化
NR	New Radio	新空口（5G）
NRF	NF Repository Function	网络存储功能
NRZ	Non-Return-to-Zero	不归零编码
NSA	Non-Standalone	非独立组网
NSI	Network Slice Instance	网络切片实例
NSSF	Network Slice Selection Function	网络切片选择功能
ODU	Outdoor Unit	（微波）室外单元
OFDM	Orthogonal Frequency Division Multiplexing	正交频分复用
OPEX	Operating Expense	运营成本

缩略语	英文全称	中文全称
OTN	Optical Transport Network	光传送网
PaaS	Platform-as-a-Service	平台即服务
PCB	Printed Circuit Board	印刷线路板
PON	Passive Optical Network	无源光网络
PTN	Packet Transport Network	分组传送网
QAM	Quadrature Amplitude Modulation	正交振幅调制
QoS	Quality of Service	服务质量
RAN	Radio Access Network	无线接入网
RF	Radio Frequency	射频
RRU	Remote Radio Unit	射频拉远单元
SA	Standalone	独立组网
SaaS	Software-as-a-Service	软件即服务
SBA	Service Based Architecture	基于服务的架构
SDN	Software Defined Network	软件定义网络
SDON	Software Defined Optical Network	软件定义光网络
SDR	Software Defined Radio	软件定义无线电
SD-WAN	Software-Defined Wide Area Network	软件定义广域网
SFP	Small Form-factor Pluggable transceiver	小封装可插拔收发器（光模块的一种）
SLB	Server Load Balancing	负载均衡
SMF	Session Management Function	会话管理功能
SoC	System-on-a-Chip	系统级芯片
SPN	Slicing Packet Network	切片分组网
SR	Segment Routing	分段路由技术
TSN	Time Sensitive Networking	时间敏感型网络
UDM	Unified Data Management	统一数据管理
UDR	Unified Data Repository	统一数据存储
UDSF	Unstructured Data Storage Network Function	非结构化数据存储功能
UPF	User Plane Function	用户平面功能
uRLLC	Ultra-Reliable and Low latency Communication	超高可靠低时延通信
UWB	Ultra Wide Band	超宽带无载波通信基础
VoLTE	Voice over LTE	长期演进语音承载（LTE 下的语音通话）
VoNR	Voice over NR	新空口承载语音（5G 下的语音通话）
VR	Virtual Reality	虚拟现实
V2X	vehicle-to-everything	车联网
WAN	Wide Area Network	广域网
WDM	Wavelength Division Multiplexing	波分复用

附录二

部分习题答案

第1章

一、单选题

1. B 2. C 3. A 4. D 5. A 6. D 7. C 8. A 9. B 10. C 11. D 12. D 13. C
14. C 15. C 16. B 17. C 18. C 19. D 20. B 21. B 22. B 23. D

二、简答题

1. 请简述 5G 三大应用场景，并举出示例。
　（1）eMBB 主要用于 3D/超高清视频等大流量移动宽带业务；
　（2）mMTC 主要用于大规模物联网业务；
　（3）uRLLC 主要用于如无人驾驶、工业自动化等需要低时延、高可靠连接的业务。
2. 请简述 uRLLC 场景的相关特点以及使用场景。
uRLLC 具有低时延、高可靠连接的业务特点。使用场景有自动驾驶、能源管理、无人机控制、远程手术、工业自动化、机器人等。
3. 5G 跟 4G 有什么不一样?有哪些特征?
总的来说 5G 相对于 4G 有三大特征:高速率、低延时、大连接。
高速率，提供更快的上网速度，是 4G 网速的 10 倍。
低时延，理论上时延可达 1ms，可以满足远程手术、无人驾驶等场景的通信需求。
大连接，5G 能连接更多的终端设备（物联网），理论上每平方公里支持最大连接 100 万台设备；同时能提供更低时延（最低 1ms）、更可靠的网络连接。

第2章

一、单选题

1. D 2. C 3. A 4. A 5. C 6. C 7. A 8. D 9. C 10. B 11. A 12. B 13. B

二、多选题

1. AB 2. ABCD 3. ABCD 4. ABCD

三、判断题

1. T 2. F 3. F 4. F 5. F

四、填空题

1. 网络切片技术 2. Xn 接口

五、简答题

1. 请简述 CU 和 DU 的功能。

CU：主要包括非实时的无线高层协议栈功能，同时也支持部分核心网功能下沉和边缘应用业务的部署。

DU：主要处理物理层功能和实时性需求较高的部分层 2 功能。考虑节省 RRU 与 DU 之间的传输资源，部分物理层功能也可上移至 RRU/AAU 实现。CU 和 DU 之间是 F1 接口。

2. 请简述 Cloud-RAN 方案优点。

Cloud-RAN 方案支持开放的网络容量和移动边缘计算，首先能为用户提供基本的接入业务，还能快速集成和灵活部署创新业务。在另一方面，部分网络功能下沉到无线侧，可以减少业务时延，同时提供更好的用户体验。

3. 5G 核心网主要节点及其功能是什么？

5G 的核心网主要包含以下几个节点：

AMF：主要负责访问和移动管理功能（控制面）；

UPF：用于支持用户平面功能；

SMF：用于负责会话管理功能。

4. 简述 MEC 的典型应用场景。

企业园区本地分流、内容分发网络 CDN 下沉、视频监控、云 VR/AR、车联网 V2X、工业控制。

第3章

一、单选题

1. A　2. C　3. D　4. A　5. C　6. B　7. A　8. C　9. D　10. D　11. B　12. D　13. D　14. C

二、多选题

1. AC　2. ACD　3. AB　4. ABC　5. ABC　6. ABD　7. AC　8. BCDEF　9. BF　10. ABD　11. ABCD　12. ABC　13. ACD　14. ABC　15. AB　16. CD　17. ADE　18. ABDE

三、判断题

1. T　2. T　3. F　4. T　5. F　6. T

四、填空题

1. 240kHz　2. 子载波间隔 SCS 或 u　3. 60kHz 和 120kHz　4. 15，1　5. 60，4　6. 30，2　7. 120，8　8. FR1 和 FR2　9. 12　10. 4 个 OFDM 符号　20 个 RB

五、简答题

1. 简要描述 NR 中 Frame、subframe、slot、symbol 之间关系。

1 个 Frame 长度 10ms，1 个 subframe 长度 1ms；

1 个 Frame 中有 10 个 subframe；

1 个 subframe 中 slot 个数取决于 Numerology 中 u 的配置 (u=0, 1, 2, 3, 4, 1 个 subframe 对应 slot 个数为 2u)；

1 个 slot 有 14 个 symbol（NCP）或 12 个 symbol（ECP）。

2. 请简述 5G 定义的 2 个频率范围以及支持的最大带宽和子载波间隔。

5G 定义的 2 个频率范围，FR1 和 FR2；FR1 主要是 6G 以下频率，最大支持 100M 带宽，子载波间隔最大支持 60kHz；FR2 主要是 6G 以上频率，最大支持 400M 带宽，子载波间隔最大支持 240kHz。

3. 请简述 5G 同步信号的功能。

5G 同步信号有 PSS/SSS（主同步/辅同步）：在小区内周期传送，其周期由网络进行配置。UE 可以基于这些信号来检测小区和维持小区定时。

4. 5G NR 上行物理信道有哪些？

PUSCH：Physical Uplink Shared Channel / 上行共享物理信道

PUCCH：Physical Uplink Control Channel / 上行控制物理信道

PRACH：Physical Random Access Channel / 随机接入信道

5. 5G NR 上行参考信号有哪些？

DM-RS：Demodulation reference signals / 解调参考信号

PT-RS：Phase-tracking reference signals / 位相跟踪参考信号

SRS：Sounding reference signal?/ 探测参考信号

6. 5G NR 下行物理信道有哪些？

PDSCH：Physical Downlink Shared Channel / 下行共享物理信道

PBCH：Physical Broadcast Channel / 广播物理信道

PDCCH：Physical Downlink Control Channel / 下行控制物理信道

7. 5G NR 下行参考信号有哪些？

DM-RS：Demodulation reference signals / 解调参考信号

PT-RS：Phase-tracking reference signals / 位相跟踪参考信号

CSI-RS：Channel-state information reference signal / 信道状态信息参考信号

PSS：Primary synchronization signal /主同步信号

SSS：Secondary synchronization signal / 辅同步信号

第 4 章

一、单选题

1. C　2. A　3. A　4. A　5. D　6. C

二、简答题

1.请简述 LDPC 代替 Turbo 码的原因。

LDPC 码代替 Turbo 码的原因有三部分：首先 Turbo 码的特点是编码复杂度低，但解码复杂度高，而 LDPC 码刚好与之相反，LDPC 编码约比 Turbo 编码有 0.5dB 信噪比增益，适合 eMBB 场景；其次 LDPC 本质上采用并行的处理方式，而 Turbo 码本质上是串行的，因而 LDPC 更适合支持低时延应用；最后 LDCP 码可以支持上下行峰值速率分别为 20G/10Gbps 的 eMBB 场景，Turbo 码则只能支持到 1Gbps 的处理能力。

2. 5G PDSCH 有哪些调制方式？

QPSK，16QAM，64QAM，and 256QAM

3. 请简述 NFV 在通信网络中使用的优点，不少于三个。

基于 x86 标准的 IT 设备成本低廉/为运营商节省巨大的投资成本/开放的 API 接口/运营商获得更多、更灵活的网络能力。

4. 请简述 Massive MIMO 技术优点。

波束分辨率变高，信道向量具有精细的方向性；

强散射环境之下用户信道具有低相关性；

视距环境之下用户信道空间自由度提高；

阵列增益明显增加，干扰抑制能力提高。

5. 请简述提升吞吐量的方式。

更好的信噪比，更高的频谱效率，更密集的站点部署以及更大的带宽。

6. 请简述使用 Massive MIMO 大规模天线的原因。

首先通过大规模天线阵列形成具有非常高增益的窄波束来抵消传播损耗；其次基站侧天线数远大于用户天线数时，这种情况下，用户间干扰将趋于消失，最后巨大的阵列增益将能够有效提升每个用户的信噪比。

7. 请简述高频毫米波损耗很大，但依然使用的原因。

虽然高频传播损耗非常大，但是由于高频段波长很短，因此可以在有限的面积内部署非常多的天线阵子，通过大规模天线阵列形成具有非常高增益的窄波束来抵消传播损耗。

第 5 章

一、单选题

1. D　2. B　3. D　4. C　5. A　6. B

二、简答题

1. 简述当 5G 网络采用独立组网时，与非独立组网相比的优势。

独立组网一步到位，对 4G 网络无影响。

支持 5G 各种新业务及网络切片。

2. 简述当 5G 网络采用独立组网时，与非独立组网相比的劣势。

需要成片连续覆盖，建设工程周期较长；需要独立建设 5GC 核心网；初期投资大。

第 6 章

略

参考文献

[1] 周洪.5G 来了,6G 还有多远[J].上海信息化,2021(08): 34-36.

[2] 郑庆刚.5G 标准及其发展愿景[J].广播电视网络,2021, 28(07): 23-25.

[3] 王云潮.基建矿井中 5G 网络的研究与应用[J].能源与节能,2021(07): 217-218+220.

[4] 钱文君.5G 时代下,虚拟现实技术在 VR 游戏中的应用发展[J].新闻传播,2021(14): 28-29.

[5] 程浩.5G 时代医疗信息化建设分析[J].中国信息化,2021(07): 80-81.

[6] 罗光明.浅析 5G 技术与运用[J].中国信息化,2021(07): 62-63.

[7] 江博.5G 技术在通信基础设施中的优化应用策略[J].电子技术,2021, 50(07): 52-53.

[8] 徐庆飞,沈杰.移动通信发展历程及其在战术通信中的应用[J].宇航总体技术,2021, 5(04): 59-66.

[9] 王禹蓉.中国广电的 5G 征程[J].通信世界,2021(14): 10-12.

[10] 姚美菱,张星,李莉,等.基于车路协同的车联网体系架构及关键技术分析[J].电信快报,2021(06): 10-13.

[11] 张星,姚美菱,李莉,等.5G 网络典型应用的探讨[J].电信快报,2021(05): 10-13.

[12] 张宁,杨经纬,王毅,等.面向泛在电力物联网的 5G 通信:技术原理与典型应用[J].中国电机工程学报,2019, 39(14): 4015-4025.

[13] 姚美菱,张星,张志平,等.5G 室内覆盖系统的探讨[J].电信快报,2019(07): 20-21+26.

[14] 王毅,陈启鑫,张宁,等.5G 通信与泛在电力物联网的融合:应用分析与研究展望[J].电网技术,2019, 43(05): 1575-1585.

[15] 姚美菱,张星,靳利斌,等.移动边缘计算的需求与部署分析[J].电信快报,2019(04): 10-11+25.

[16] 陆平,李建华,赵维铎.5G 在垂直行业中的应用[J].中兴通讯技术,2019, 25(01): 67-74.

[17] 姚美菱,吴蓬勃,张星,等.5G 超密集组网的必然性和挑战性分析[J].电信快报,2019(01): 12-14.

[18] 杜滢,朱浩,杨红梅,等.5G 移动通信技术标准综述[J].电信科学,2018, 34(08): 2-9.

[19] 尤贺,崔展铭.5G 移动通信技术下的物联网时代[J].中国科技信息,2017(07): 26-27.

[20] 曾剑秋.5G 移动通信技术发展与应用趋势[J].电信工程技术与标准化,2017, 30(02): 1-4.

[21] 刘影帆,孙斌.5G 移动通信技术及发展探究[J].通信技术,2017, 50(02): 287-291.

[22] 方汝仪.5G 移动通信网络关键技术及分析[J].信息技术,2017(01): 142-145.

[23] 钱志鸿,王雪.面向 5G 通信网的 D2D 技术综述[J].通信学报,2016, 37(07): 1-14.

[24] 张平,陶运铮,张治.5G 若干关键技术评述[J].通信学报,2016, 37(07): 15-29.

[25] 许阳,高功应,王磊.5G 移动网络切片技术浅析[J].邮电设计技术,2016(07): 19-22.

[26] 栾帅,冯毅,张涛,等.浅析大规模 MIMO 天线设计及对 5G 系统的影响[J].邮电设计技术,2016(07): 28-32.

[27] 陈荆花,黄晓彬,李洁.面向智能网联汽车的 V2X 通信技术探讨[J].电信技术,2016(05): 24-27.

[28] 方箭,李景春,黄标,等.5G 频谱研究现状及展望[J].电信科学,2015, 31(12): 111-118.

[29] 柴蓉,胡恂,李海鹏,等.基于 SDN 的 5G 移动通信网络架构[J].重庆邮电大学学报(自然科学版),2015, 27(05): 569-576.

[30] 王胡成,徐晖,程志密,等.5G 网络技术研究现状和发展趋势[J].电信科学,2015, 31(09): 156-162.

[31] 赵国锋,陈婧,韩远兵,等.5G 移动通信网络关键技术综述[J].重庆邮电大学学报(自然科学版),2015, 27(04): 441-452.

[32] 周一青,潘振岗,翟国伟,等.第五代移动通信系统 5G 标准化展望与关键技术研究[J].数据采集与处理,2015,

30(04): 714-724.

[33] 本刊讯. IMT-2020(5G)推进组发布 5G 技术白皮书[J]. 中国无线电, 2015(05): 6.

[34] 杨峰义, 张建敏, 谢伟良, 等. 5G 蜂窝网络架构分析[J]. 电信科学, 2015, 31(05): 52-62.

[35] 戚晨皓, 黄永明, 金石. 大规模 MIMO 系统研究进展[J]. 数据采集与处理, 2015, 30(03): 544-551.

[36] 卓业映, 陈建民, 王锐. 5G 移动通信发展趋势与若干关键技术[J]. 中国新通信, 2015, 17(08): 13-14.

[37] 冯大权. D2D 通信无线资源分配研究[D]. 电子科技大学, 2015.

[38] 月球, 王晓周, 杨小乐. 5G 网络新技术及核心网架构探讨[J]. 现代电信科技, 2014, 44(12): 27-31.

[39] 余莉, 张治中, 程方, 等. 第五代移动通信网络体系架构及其关键技术[J]. 重庆邮电大学学报(自然科学版), 2014, 26(04): 427-433+560.

[40] 尤肖虎, 潘志文, 高西奇, 等. 5G 移动通信发展趋势与若干关键技术[J]. 中国科学:信息科学, 2014, 44(05): 551-563.

[41] 王志勤, 罗振东, 魏克军. 5G 业务需求分析及技术标准进程[J]. 中兴通讯技术, 2014, 20(02): 2-4+25.

[42] 窦笠, 孙震强, 李艳芬. 5G 愿景和需求[J]. 电信技术, 2013(12): 8-11.